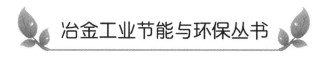

冶金工业节能与环保丛书

铁矿石烧结过程二噁英类排放机制及其控制技术

俞勇梅　李咸伟　何晓蕾　郑明辉　编著

U0317382

北　京

冶　金　工　业　出　版　社

2014

内 容 提 要

本书较为系统地总结了国内外烧结烟气二噁英减排和控制技术的现状,同时提供了作者及其所在团队近几年来在烧结烟气二噁英减排方面所做的一些研究,主要包括烧结机风箱中二噁英类的排放及其影响因素;碳酰肼和尿素抑制烧结过程二噁英类生成的实验研究,以及循环烧结条件下二噁英类生成影响因素的实验研究。

本书可供从事二噁英减排和控制的相关管理人员以及科研人员,尤其是从事钢铁企业烧结烟气污染物治理的管理人员和技术人员参考阅读。

图书在版编目(CIP)数据

铁矿石烧结过程二噁英类排放机制及其控制技术/
俞勇梅等编著 . —北京:冶金工业出版社,2014.11
(冶金工业节能与环保丛书)
ISBN 978-7-5024-6763-0

Ⅰ.①铁… Ⅱ.①俞… Ⅲ.①铁矿物—烧结—二噁英
—烟气排放—污染防治 Ⅳ.①X757

中国版本图书馆 CIP 数据核字(2014)第 244647 号

出 版 人 谭学余
地   址 北京市东城区嵩祝院北巷 39 号 邮编 100009 电话 (010)64027926
网   址 www.cnmip.com.cn 电子信箱 yjcbs@cnmip.com.cn
策划编辑 任静波 责任编辑 曾 媛 谢冠伦 美术编辑 吕欣童
版式设计 孙跃红 责任校对 禹 蕊 责任印制 李玉山
ISBN 978-7-5024-6763-0
冶金工业出版社出版发行;各地新华书店经销;北京佳诚信缘彩印有限公司印刷
2014 年 11 月第 1 版,2014 年 11 月第 1 次印刷
169mm×239mm;8.25 印张;157 千字;118 页
35.00 元
冶金工业出版社 投稿电话 (010)64027932 投稿信箱 tougao@cnmip.com.cn
冶金工业出版社营销中心 电话 (010)64044283 传真 (010)64027893
冶金书店 地址 北京市东四西大街 46 号 (100010) 电话 (010)65289081 (兼传真)
冶金工业出版社天猫旗舰店 yjgy.tmall.com
(本书如有印装质量问题,本社营销中心负责退换)

节能环保

当务之道

殷瑞钰

2013.12.12.

出 版 者 的 话

当前，全球能源资源紧缺已成为人类经济社会发展面临的重要挑战。以应对气候变化等全球性问题为契机，各国都在推行绿色经济、低碳经济，来抢占未来科学技术的制高点，节能环保则成为调整经济结构、转变经济发展方式的内在要求。我国正处在经济结构调整的关键时期，在追求低碳与经济协同发展的背景下，节能环保无疑具有巨大的优势和发展前景。冶金工业是国民经济的基础产业，是国家经济水平和综合国力的重要标志。近十年来，我国冶金工业发展迅速，钢生产量、消费量名列世界第一。但同时，冶金工业也是一个高耗能、高污染的产业，是节能与环保潜力最大的行业之一。"十二五"规划时期，我国经济仍将持续增长，工业化、城市化步伐进一步加快，是冶金工业优化升级，发展节能与环保，实现由大变强的重要时期，必须紧紧抓住国内国际环境的新变化、新特点，顺应世界经济发展和产业转型升级的大趋势，着眼于满足我国节能减排、发展循环经济和建设资源节约型环境友好型社会的需要，推行清洁生产，促进节能降耗、环境保护和资源综合利用，推进冶金、焦炭、化工各产业间融合发展，提高产业关联度，实现可持续发展。

近年来，我国高度重视节能环保工作，陆续出台了推进节能环保的一系列政策措施，《中华人民共和国国民经济和社会发展第十二个五年规划纲要》明确提出"节能环保产业"作为七大战略性新兴产业发展之首，重点发展高效技能、先进环保、资源循环利用关键技术装备、产品和服务。《工业节能"十二五"规划》中将钢铁行业的节能减排放在首位，虽然近十几年来，钢铁工业在粗钢产量逐渐增加的情况下，吨钢能源逐年下降，钢铁行业在节能与环保方面取得了令人瞩目的成绩，但同时我国钢铁行业能耗、环保与国外先进水平的差距依然较大。因此，采取有效措施，进一步实现钢铁行业的节能与环保迫在眉睫。中央和地方也投入了大量资金，为节能环保产业加快发展创造了良好的外部环境，发挥了积极推动作用。

但是我们不难发现，我国节能环保工作存在的问题也日益凸显，如产业政策、法律法规标准体系不够完善，创新能力不足，企业发展不平衡，相关企业没有给予足够重视等，这些问题必须妥善解决，否则将会阻碍我国节能环保工作的健康发展。为此，冶金工业出版社策划出版《冶金工业节能与环保丛书》，组织冶金工业节能与环保方面的专家、学者，有针对性、系统性地对该领域的最新科研进展以及技术成果进行归纳总结，拟分别陆续出版《烧结过程二噁英类排放机制及其控制技术》《烧结烟气排放控制技术及工程应用》《冶金渣资源化——选择性析出分离技术及其应用》等一系列图书。本套丛书力争做到技术先进，有实用性和针对性，实例具有代表性，层次结构科学、合理，语言通俗易懂。我们期望这套丛书的出版发行能为广大读者提供高水平的、有指导和参考价值的著作，同时也能进一步促进我国冶金工业节能与环保的发展。

由于《冶金工业节能与环保丛书》内容涉及面较宽，编写工作量大，且经验不足，不妥之处在所难免，请读者批评指正。

前　言

2010年10月19日环境保护部等九部委联合发布了《关于加强二噁英类污染防治的指导意见》，明确指出当前要重点抓好铁矿石烧结、电弧炉炼钢、再生有色金属生产、废弃物焚烧等重点行业二噁英类污染防治工作。对于铁矿石烧结，要求推动铁矿石烧结的协同减排，鼓励采用烧结废气循环技术减少废气产生量和二噁英类排放量。2年后，钢铁工业大气污染排放系列标准出台，规定2015年1月1日起全面实施新标准。明确规定了烧结及电炉的二噁英排放标准：0.5ng TEQ/m³（标态）。然而我国国内针对烧结过程二噁英类排放控制的研究还非常薄弱，对于一些源头控制技术也缺少对二噁英类生成影响的系统研究。

针对上述情况，作者所在的研究团队对烧结过程中的二噁英生成机理及其减排技术进行了梳理，同时以我国典型大、中型烧结机为研究对象，开展了一系列针对烧结过程中二噁英排放及其控制技术的研究。主要包括：（1）烧结机风箱中二噁英类的排放及其影响因素研究，发现风箱中二噁英类的浓度变化趋势与烟气温度的变化趋势非常吻合，二噁英类主要在烧结机末端排放出来，占总排放量的60%以上。（2）使用碳酰肼和尿素作为抑制剂，对抑制烧结过程二噁英类的生成进行了充分的实验研究，证实了碳酰肼和尿素对二噁英类的生成均有有明显的抑制作用，通过方程预测出当碳酰肼投加0.082%（质量分数）时，二噁英类排放浓度减少量最大，为82%；尿素投加量为0.02%（质量分数）时，抑制效果最佳，可达67.7%。（3）循环烧结工艺对二噁英有明显的减排作用，减排效率可达35%左右。然而循环烧结的两个重要参数，热风温度和含氧量都会对二噁英的排放造成影响，温度增加后，会造成二噁英排放量的增加，氧含量降低则可减少二噁英的排放，因此循环烧结工艺在工程应用时，需综合考虑上述影响因素。

烧结烟气的二噁英控制在我国还处于起步阶段，本书提供了作者及其所在团队近几年来在低成本烧结烟气二噁英减排和控制方面所做的努力，针对烧结过程中的二噁英类排放及其源头控制技术，本书尝试将有关烧结过程中的二噁英生成机理和减排技术进行了梳理，同时将本人从事该工作多年来的一些研究工作展示给读者，希望通过此书的出版，能够对从事相关工作的人员有所启发，为相关企业和研究人员提供有益的参考。

上述研究成果是作者与团队带头人以及团队的其他成员共同努力下完成的。感谢李咸伟首席研究员、何晓蕾工程师的大力支持和帮助；感谢汪庆丰工程师和朱亚平工程师在现场进行实验和样品采集工作，现场取样工作繁重而又辛苦，在他们的支持下，实验任务才能顺利完成；本书的撰写还得到了郑明辉研究员的悉心指导和严格要求。在此谨向所有提供帮助的老师、同事和同学表示最崇高的敬意和由衷的感谢。

由于作者水平所限，书中疏漏之处，还恳请广大读者给予批评指正，提出宝贵的意见和建议，以便在今后的工作中加以改正，共同为我们的环保事业添砖加瓦。

编著者

2014 年 8 月

目　录

引　言

2004 年 11 月 11 日,《关于持久性有机污染物（POPs）的斯德哥尔摩公约》正式对中国生效。意味着我国需要全面履行该公约所规定的各项基本义务, 采取必要的法律、行政和技术措施, 削减、控制和淘汰持久性有机污染物, 查明并以安全、有效和对环境无害化方式处置持久性有机污染物库存及废弃物。二噁英类（PCDD/Fs）被列为《斯德哥尔摩公约》首先要消除的 12 种对人类健康和自然环境最具危害的持久性有机污染物之中。

为此, 我国于 2004 年开展了全国范围内的针对二噁英类污染源的普查, 结果发现, 由于金属生产而排放的二噁英类占全国二噁英类总排放的 45.6%。其中钢铁企业二噁英类排放量占金属生产二噁英类排放量的 56%, 且铁矿石烧结占钢铁企业排放量的 57%。因此, 铁矿石烧结已经成为我国二噁英类排放的重要污染源之一。

2010 年 10 月 19 日环境保护部等九部委联合发布了《关于加强二噁英类污染防治的指导意见》, 明确指出当前要重点抓好铁矿石烧结、电弧炉炼钢、再生有色金属生产、废弃物焚烧等重点行业二噁英类污染防治工作。对于铁矿石烧结, 要求推动铁矿石烧结的协同减排, 鼓励采用烧结废气循环技术减少废气产生量和二噁英类排放量。目前, 能源环保问题已经成为限制烧结行业发展的重要因素, 国内众多钢厂已经意识到了这个问题, 对烧结机废气排放中二噁英类污染物的排放控制已经提上日程。

2012 年 6 月 27 日, 钢铁工业大气污染排放系列标准出台, 规定 2015 年 1 月 1 日起全面实施新标准。新的《钢铁工业大气污染物排放标准烧结（球团）》（报批稿）中, 对国土开发密度已经较高、环境承载能力开始减弱, 或环境容量较小、生态环境脆弱, 容易发生严重环境污染问题而需要采取特别保护措施的地区提出了更加严格的污染物排放要求, 要求严格控制企业的污染物排放行为。标准中对颗粒物、二氧化硫的排放浓度都提出了更高的要求, 同时还新增了烧结烟气二噁英类物质不大于 $0.5 \mathrm{ng\ TEQ/m^3}$ 的排放浓度要求。

国外针对铁矿石烧结过程中二噁英类的生成和排放控制的研究于 2000 年左右开始, 最早开展研究的是 Kasai 等人[1~6] 和 Anderson 等人[7~11]。其目的是了解烧结过程中二噁英类的生成规律及其影响因子, 并寻求抑制二噁英类生成的新技术。然而我国的铁矿石烧结工艺与日欧等发达国家的情况大不相同。日欧等国家的烧结机绝大多数都是 $300m^2$ 以上的大型烧结机，且数量很少，而我国烧结机的情况则是烧结面积大中小并存、数量众多。2009 年，我国烧结矿产量达 6.5 亿吨，占炼铁炉料结构的 75%。烧结机 1200 余台，总面积 $110000m^2$。其中，大于 $90m^2$ 烧结机仅 473 台，总面积 $80080m^2$，其余为小型烧结机。此外，中国大多数钢铁企业的烧结厂还为降低烧结矿低温还原粉化指数（RDI）采取了喷洒 $CaCl_2$ 的技术措施，人为增加了烧结工艺过程中氯的含量水平，为烧结过程中二噁英类的形成提供了氯源，极有可能造成二噁英类排放量的增加。

目前针对我国铁矿石烧结过程中二噁英类的排放机制研究尚属空白，一些源头控制技术也缺少对二噁英类生成影响的系统研究。与国外在该领域范围内的研究相比，其广度和深度均相差甚远。

为此，本书介绍了以我国典型大、中型烧结机为研究对象开展的烧结机风箱中二噁英类的排放及其影响因素研究；以及使用碳酰肼和尿素抑制烧结过程二噁英类生成的实验研究；循环烧结条件下二噁英类生成影响因素等相关实验研究的成果，对于我国开展铁矿石烧结二噁英类减排工作具有重要的意义。通过模拟实际烧结工况，对于采取源头抑制技术，或者采用循环烧结工艺对二噁英类减排的影响所进行的深入研究，证实了可以从源头上减少烧结过程中二噁英类的排放，相对于投资巨大、运行成本高昂的末端处理技术具有更广阔的推广价值。鉴于 2015 年开始实施的新标准，上述技术已经在进行工业实验，对其减排效果进一步加以验证。然而关于烧结过程中二噁英类生成的抑制机理以及循环热风条件下二噁英类的排放行为还存在许多疑问，有必要在今后进行进一步的深入研究和探讨，以期对我国烧结过程二噁英类污染物的排放和控制提供更多帮助。

1 烧结二噁英生成和控制现状

1.1 概述

二噁英类有机污染物是多氯代二苯并 – 对 – 二噁英类（Polychlorinated dibenzo-*p*-dioxins，PCDDs）和多氯代二苯并呋喃（Polychlorinated dibenzofurans，PCDFs）的统称，简称为 PCDD/Fs。它们具有相似的结构和物理化学特性，其结构式如图 1-1 所示。

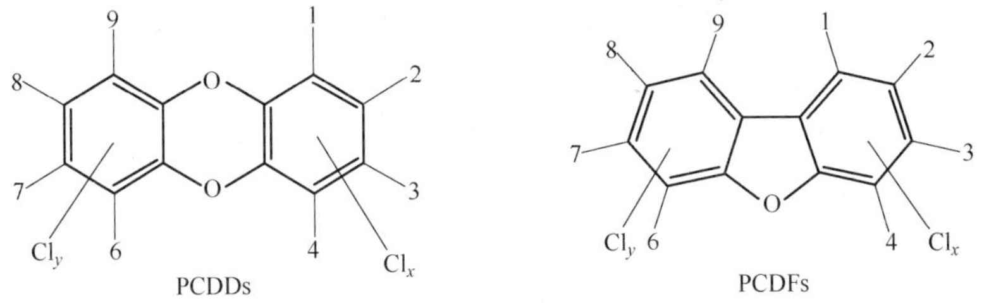

图 1-1　PCDDs、PCDFs 的化学结构式

对 PCDDs 和 PCDFs 而言，其氯原子数在 $1 \sim 8(x + y)$ 之间变化，有 75 个 PCDD 和 135 个 PCDF 同类物。研究发现[12~16]，在 2，3，7，8-位置同时被氯原子取代的化合物具有高毒性，因而 PCDDs 中有 7 种具有毒性作用，PCDFs 中有 10 种。其中研究最多也是最典型和毒性最强的物质为 2，3，7，8-四氯代二苯并二噁英（2，3，7，8-Tetrachlorodibenzo-p-dioxin，TCDD），并于 1997 年 2 月 14 日被世界卫生组织（WHO）的国际癌症研究机构（IARC）宣布为是经确认的对人类致癌物质中的一级致癌物。二噁英类的共同毒性机制是：能与 Ah-R 结合，导致机体产生各种生物化学变化，微量二噁英类摄入人体后虽然不会立即引起病变，但由于其稳定性极强，一旦摄入就不易排出，从而引起蓄积毒性和遗传毒性等。并且二噁英类在环境中很难降解，且易于生物富集。

铁矿石烧结是二噁英类产生的主要来源之一。烧结过程必须在一定的高温下才能进行，而高温是由燃料的燃烧造成的。并且由于烧结料层中碳含量少、粒度细而且分散，按重量计燃料只占总料量的 3% ~ 5%，为保证燃料的燃烧，烧结料层中空气过剩系数一般较高，通常为 1.4 ~ 1.5，折算成吨烧结矿消耗空气量约 2.4t，从而导致废气排放量非常大，约 1500 ~ 2500m³/t 烧结矿。以 495m² 烧结机为例，正常生产时，每小时烧结主烟道排放的废气量（标态）高达1200000m³以上。且烧结废气中除含有粉尘、SO_2、NO_x、重金属（如Cd、Hg、As、Pb等）、HCl、HF、挥发性有机污染物（VOC）外，还含有二噁英类这类持久性有机污染物。因此，烧结烟气成分复杂、烟气量大，为烧结烟气的综合净化以及二噁英类等污染物的脱除带来了困难。

1.2　烧结过程中二噁英类的排放和生成机理研究进展

1.2.1　烧结烟气中二噁英类的排放水平

在欧洲，铁矿石烧结工序被认为是仅次于城市垃圾焚烧炉的第二大二噁英类污染物排放源，欧洲环境理事会公布的数据显示，在1993~1995年间，约18%的二噁英类是由铁矿石烧结工序排放的[17]。这在英国Corus钢铁集团公司的调查研究中得到了证实[7]，并且他们对烧结工艺段二噁英类的排放水平进行了更加客观的评价。在1996~1999年，Corus集团针对四家全流程钢厂进行了为期4年的全面调研，主要考察的工艺段包括炼焦、烧结，以及包括加热炉在内的一级转炉炼钢和二级转炉炼钢，总数据量达到了183个。数据表明，在被监控的几个工艺段中，烧结工艺段排放的二噁英类水平最高，其余工艺段都可以满足英国环保局针对新建钢厂提出的1ng I-TEQ/m³（标态）的排放标准。不过根据对5台烧结机94次检测的平均值1.21ng I-TEQ/m³来看，烧结工艺段二噁英类的排放水平要远远低于1993年Bruckmann等报道的12~43ng I-TEQ/m³（标态）的水平。由此而推算出英国这5台烧结机的年排放二噁英类量为38g I-TEQ。

随着各国对钢铁企业二噁英类物质排放要求的不断提高，二噁英类的排放总量已经得到明显控制。如德国[8]对于烧结厂的二噁英类排放要求在0.4ng TEQ/m³（标态）以下。2001年，德国金属冶炼企业二噁英类的排放量已经从1994年的220g TEQ减少至40g TEQ[7]。英国政府规定钢铁企业烧结厂二噁英类物质的排放指标为1.0ng TEQ/m³（标态），其钢铁企业的二噁英类排放也从1990年的46g I-TEQ减少至2002年的24g I-TEQ。即便如此，它们仍然面临着日趋严格的排放控制标准的压力，如德国对烧结厂的二噁英类排放控制的目标值定为0.1ng TEQ/m³（标态），英国钢铁企业的二噁英类控制指标在近几年内也很可能会降至0.5ng TEQ/m³（标态）甚至0.1ng TEQ/m³（标态）。

欧洲钢铁企业同样还受到来自欧洲综合污染防控司（The European Integrated Pollution Prevention and Control Bureau）[18]的压力，被要求执行最佳可行技术（BAT）以限制各固定污染源的污染，企业的主体设备都必须获得相关的国家权威机构的许可。在此压力下，欧洲钢铁企业2005年二噁英类的排放量已经下降至1995年的50%左右，其中铁矿石烧结厂排放的二噁英类从1995年的671~864g I-TEQ/a下降至383~467g I-TEQ/a，但电炉二噁英类的排放总量基本保持稳定，1995 年的排放量为 115 ~ 162g I-TEQ/a，2005 年为 141 ~ 172g I-TEQ/a。

加拿大环境署[19]制定的新建电炉设备的二噁英类排放标准也是 0.1ng I-TEQ/m³，对已有的设备该限制标准至 2010 年开始实施。

在亚太区域内，对二噁英类的研究最为深入的当首推日本，并且经过多年的努力，日本钢铁企业的二噁英类排放量呈逐年稳步下降的趋势。图 1-2[20] 所示为日本环境省发布的 1997 ~ 2001 年，日本全国钢铁厂的烧结机及电炉的二噁英类排放量的变化，呈明显的下降趋势。然而，与此同时，日本钢铁企业的二噁英类排放量占全日本总排放量的百分比却逐年上升，如 1997 年，日本钢铁企业二噁英类排放量为 363.5g TEQ/a，占当年日本总排放量的 4.9%。至 2001 年，二噁英类排放量下降至 160.3g TEQ/a，但占当年总量的百分比却上升至 9.1%。导致这种现象的原因是由于垃圾焚烧炉等其他主要污染源的排放量大幅度降低，致使总排放量显著降低而引起的。说明钢铁企业正在逐步上升为二噁英类的主要污染源，并且由于钢铁企业的特殊性，其在二噁英类的排放控制方面，存在着更多的困难。与此相对应的则是日趋严格的控制标准，见表 1-1。为此，钢铁企业必

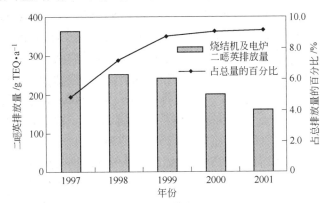

图 1-2 日本钢铁企业每年二噁英类排放量的推移图

表 1-1 日本焚烧及金属冶炼废气中二噁英类的排放标准

设备能力及规模		对已存在设备设立的排出标准/ng TEQ·m⁻³		新投产设备大气排出标准/ng TEQ·m⁻³
		2002 年 11 月 30 日前	2002 年 12 月 1 日后	
炼铁用烧结机（1t/h 以上）		2.0	1.0	0.1
炼钢用电炉（1000kV·A 以上）		20.0	5.0	0.5
锌回收炉等（0.5t/h 以上）		40.0	10.0	1.0
铝合金熔炼炉等（0.5t/h 以上）		20.0	5.0	1.0
废弃物焚烧炉（处理能力）	4t/h 以上	80.0	0.1	1.0
	2 ~ 4t/h	80.0	1.0	5.0
	2t/h 以下	80.0	5.0	10.0

须投入更多的人力、物力以满足上述要求。新日铁、住友金属及 JFE 等钢铁厂在其环境年报中对各自的二噁英类排放状况及削减目标均有说明。

韩国政府[21]对于二噁英类污染物质的排放和控制相当重视，针对钢铁行业的控制二噁英类排放的法规已于 2006 年正式生效，要求烧结排放废气中二噁英类含量低于 0.2ng TEQ/m³。韩国浦项钢铁公司现已投巨资 1087 亿韩元（约合 7.5 亿元人民币）在 3 号和 4 号烧结机增设脱除烟气中二噁英类及 SO₂ 的活性炭吸附塔工业装置，该装置每年的运行费为 60 亿韩元（约合人民币 4000 万元/年），每天需补充 3.5t 活性炭，这对企业运行来说，是一个不小的负担。

我国台湾地区也已对烧结厂的二噁英类排放作了较为深入的调查和研究。成功大学的研究结果显示，我国台湾地区烧结厂二噁英类的排放量达 44.7g TEQ/a，是废物焚烧炉的 60~121 倍，已成为主要污染源。这主要是由于废物焚烧炉的二噁英类排放得到了严格控制[22~25]。随着当地居民环保意识的增强，对企业的环保要求也越来越高，中国台湾中钢已经决定开展有关二噁英类污染物质排放的环境影响评价工作。

我国大陆目前还没有公开发表的关于钢铁行业二噁英类污染物排放的实测数值，仅能根据联合国环境规划署提供的"辨别和量化二噁英类排放标准工具包"[26]确定二噁英类排放源，并根据工具包中提供的排放因子量化二噁英类排放总量。工具包中规定，没有大量循环利用含油废弃物，控制较好的烧结厂大气排放因子为 5g TEQ/百万吨烧结矿，飞灰排放因子为 0.003g TEQ/百万吨烧结矿。2005 年我国烧结铁矿产量为 36923 万吨[14]，可得 2005 年铁矿石烧结厂向大气排放 PCDD/Fs1846.15g TEQ，飞灰排放量为 1.1g TEQ，共计 1847.26g TEQ。远远超过了欧洲、日本等发达地区由铁矿石烧结而排放的二噁英类总量。

综上所述，钢铁企业正在成为二噁英类等无意排放的持久性有机物的主要污染源之一，世界发达国家都将钢铁企业烟气中二噁英类排放控制的目标值定在 0.1~0.5ng I-TEQ/m³（标态）之间。然而，包括我国在内的大多数发展中国家都缺少钢铁企业的二噁英类排放现状的基础数据。开展中国钢铁企业的无意排放的持久性有机污染物的基础调查和研究是非常有必要的。

1.2.2 烧结烟气中二噁英类同类物的分布

图 1-3 所示为不同地区烧结烟气中的二噁英类同类物分布。图 1-3（a）所示为本研究实测的中国大陆某烧结厂烟气中二噁英类同类物的分布。图 1-3（b）[22]和图 1-3（c）[7]则分别为英国 Corus 集团烧结烟气和中国台湾某钢厂烧结烟气中二噁英类同类物的分布。这种分布规律与日本 Kasai 等[27]的研究结果也非常接近。Kasai 指出这些分布的共有特征是，在 17 种 2，3，7，8 氯代二噁英类中，以 PCDFs 为主，其总浓度比 PCDDs 的总浓度高 10 倍左右；而在 PCDDs 中，

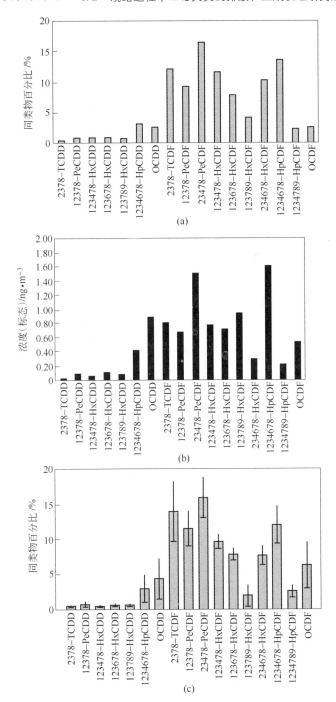

图 1-3 烧结烟气中二噁英类同类物的分布

（a）中国大陆某烧结厂烟气中二噁英同类物的分布；（b）英国 Corus 某烧结厂烟气中二噁英同类物的分布；
（c）中国台湾某烧结厂烟气中二噁英同类物的分布

又以高氯代 PCDDs 为主。

可以看出，在近似的工艺条件下，这些存在于烧结烟气中的二噁英类物质呈现出非常类似的分布规律。而垃圾焚烧产生的二噁英类同类物的分布往往由于原燃料、焚烧工艺、空燃比等焚烧条件不同会产生较大的波动。这些分布规律可以为环境中所存在的二噁英类污染物的来源分析提供依据。当然，这些物质随着在环境中的迁移会发生各种各样的变化，但是同类物（具有相同的氯原子数目）之间的变化应该是一致的。Hagenmaler 等[28]根据这种思想开发了一种计算方式，并用于多种环境样品的分析。Fiedler 等[28]也将这种计算方式运用到聚类分析中以分析大批量的数据，并根据分析结果对二噁英类污染物质的来源进行了剖析。

1.2.3　烧结过程中二噁英类的排放规律

为控制和减少铁矿石烧结过程中二噁英类物质的排放，首先需要明确它的生成机理，并以此为基础，对症下药，才能达到事半功倍的效果。

如图 1-4 所示，烧结是将铁矿粉、燃料（细焦炭）、各类熔剂（石灰石 CaCO$_3$、白云石 CaCO$_3$、MgCO$_3$、蛇纹石 3MgO · 2SiO$_2$ · 2H$_2$O）按一定比例混合，经混拌、造粒后，通过布料系统加入烧结机，由点火炉点燃料层中的焦粉/煤粉，然后随着烧结台车履带缓慢移动，由抽风机不断向下抽风，使燃烧带通过燃烧床，利用其中的燃料燃烧所产生的热量，使局部原料生成液相，将矿粉黏结在一起，形成坚实而多孔的烧结矿，再经破碎、冷却、筛选后，送往高炉作为冶炼铁水的主要原料。与此同时，烧结废气则通过烧结机下面的风箱进入排风烟道，经除尘器等气体净化装置处理后，再排入大气。因此，了解烧结机风箱中二噁英类的排放规律，有助于了解烧结过程中二噁英类的生成途径。

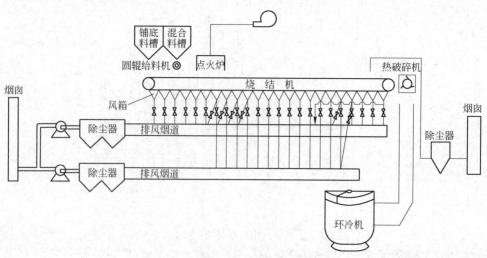

图 1-4　烧结工艺流程

对日本两家烧结厂进行综合测试后，Kasai 等[1~2]发现，PCDD/Fs 的浓度曲线在烧结机靠近末端的风箱有一个峰值，与风箱出口烟气温度曲线类似。NO_x 的曲线比较平坦，与 CO_2 曲线类似。SO_x 的浓度曲线也在烧结机后段升高，但其峰值比 PCDD/Fs 峰值出现得略早一些。HCl 浓度曲线和 PCDD/Fs 曲线类似。

与此类似，英国 Corus 通过对烧结机风箱中的二噁英类分布情况的研究也发现，PCDD/Fs 的产生量从点火位置起沿着烧结料床从前至后逐渐增加，在烧结机后段达到最高值，与烧结烟气温度的变化趋势一致。因此，他们认为 PCDD/Fs 及其前生体在烧结料层的上部生成后，向料层的下部移动，在料床较冷的区域冷凝。当燃烧区烧透料层时，这些化合物会进一步反应，并再次被气化带入到烟气中[7]。

谭鹏夫等[29,30]则是通过铁矿石烧结料层 CFD 模型的建立，对铁矿石烧结过程中二噁英类的形成进行了数字模拟，利用模型的计算结果和 PCDD/Fs 的热力学条件，对烧结过程中 PCDD/Fs 的形成过程进行了更加明确的论述。如图 1-5、图 1-6 所示，二噁英类在烧结料层燃烧区以下 250~450℃的临界温度区域内开始形成，然后随气流向下运动，富集在烧结料层的底部，继而与固体混合物一起被送往烧结机卸料端。当火焰前缘接近烧结料层底部时，这些二噁英类又重新被释放出来。在靠近卸料端的最后几个风箱内，当废气冷却至适合二噁英类形成的临界温度范围内时，也会产生二噁英类。因此，烧结机下面最初几个风箱内测得的 PCDD/Fs 浓度应该很低，之后随着废气温度的上升而逐渐增加，最后在烧结料层长度 80%~90%的部位达到最大值。

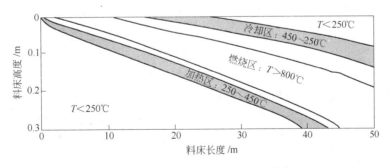

图 1-5　烧结料层中的预测温度带[29]

然而，目前关于二噁英类在烧结过程的主要生成部位还存在很大争议，从而对二噁英类的减排技术提出了不同建议。如谭鹏夫等[29]认为，由于二噁英类可以在烧结机后部的几个风箱中生成，因此可以通过往这些风箱中喷氨以抑制二噁英类的生成。Anderson 等[31]则认为，二噁英类的主要生成部位集中在烧结过程，而不是风箱中，因为他们在进行往风箱中喷氨的实验中发现，往风箱中喷氨，对于二噁英类的抑制作用很小甚至没有作用。

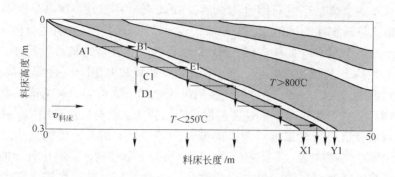

图 1-6　烧结料层中 PCDD/F 的形成途径[29]

1.2.4　烧结过程中二噁英类的生成机理

相对于垃圾焚烧工艺的研究，烧结过程中二噁英类的生成机理研究还不是很多。目前普遍被接受的对于燃烧过程中二噁英类生成的解释有三种。与垃圾焚烧过程类似，烧结过程中的二噁英类也是由于不完全燃烧引起的。因此，烧结过程中二噁英类的生成也存在以下三种途径：

（1）燃烧的原材料中存在二噁英类物质，并且这些物质在燃烧过程中没有被完全分解[32]。烧结原料主要以铁矿粉、燃料（焦粉、煤粉）和添加剂（石灰石、白云石）为主，然而还包含很多来自矿渣、烧结及高炉煤气净化中收集的除尘灰、烧结返回矿、氧化铁皮等其他工艺的细粒度含铁物料。这些物料的回用是烧结厂的重要功能之一，是实现钢铁企业清洁生产必不可少的举措。但是这些回用的物料中，尤其是烧结返回矿、烧结除尘灰等，就可能会含有二噁英类。Buekens、Kasai 等[3,33]在对烧结原料和烧结机除尘灰的分析中，证实了烧结原料中含有在检出限水平以上的二噁英类物质。这些二噁英类物质在经过燃烧带时，大部分都会被分解，然而不排除没有被完全分解的可能性。

（2）含氯的前生体化合物，如多氯联苯（PCBs）、氯酚、氯苯等在燃烧过程中，或伴随 Ullmann 反应条件（碱性环境），或者是由于飞灰表面催化作用，就可以形成 PCDD/Fs[34~40]。

烧结过程中，上述含氯的前生体化合物可能来自于烧结配料中的回收灰等回用物质中，也可能在烧结原料中煤粉和焦炭的燃烧过程中生成。在烧结过程中，存在 500~800℃ 的温度带，这时这些前生体就可能发生合成反应生成二噁英类[36,37,41~45]。有研究表明，当温度为 340℃ 时，在有氧存在的情况下，氯酚就可能会生成二噁英类[46]。

在存在铜的情况下，这些前生体还可以发生 Ullman 反应，生成二噁英类。Born 采用 Ullman 反应为模型，提出了铜催化两个邻位取代氯酚分子的缩合反应生成无氯代二噁英类[47]。Addink 和 Olie[48]也认为 $CuCl_2$ 能够催化飞灰表面芳香化合物的 Ullman 缩合反应[48]。

此外，在进行前生体合成二噁英类的许多实验研究中发现，飞灰表面的催化作用在二噁英类生成过程中起至关重要的作用。例如，Dickson 和 Karasek 等[49]在一实验炉对氯酚在飞灰表面发生缩合反应的实验发现飞灰具有较强的促进作用，并发现垃圾焚烧炉飞灰在具有相似反应表面积和平均孔径条件下最具催化活性。Milligan 和 Altwicker[50]也证实前生体在飞灰表面具有强吸附性，每克飞灰表面的吸附点高达 6×10^{18} 个，对表面催化反应生成二噁英类具有重要作用。

（3）从头合成（de novo synthesis）反应生成。从头合成系指大分子碳（所谓的残碳）和飞灰基质中的有机或无机氯在低温（250~450℃）经某些具有催化性的成分（Cu、Fe 等过渡金属或其氧化物）催化生成 PCDD/Fs[51]。最早发现二噁英类从飞灰上的残碳中生成的现象是 Vogg 等人[52~55]。并在随后的研究中提出了卤代有机化合物生成的两步机理：第一步是碳表面的并排卤化，这一步包含一个被 Cu^{2+} 或 Fe^{3+} 催化的配位体转移的机理；第二步是大分子碳结构的氧化破裂，这一步也被 Cu^{2+} 或 Fe^{3+} 金属离子催化。Huang 和 Buekens 则进一步提出，从头合成主要是大分子碳结构的氧化断裂，部分 PCDD/Fs 则从嵌入碳骨架中的芳香碳 - 氧官能团生成[56,57]。

另外，不同金属氯化物对低温条件下碳气化、Cl_2 的生成以及二噁英类生成的催化活性是不同的，Kuzuhara 等[58]在进行二噁英类从头合成反应的研究中发现，几种金属氯化物的催化活性顺序为：$KCl < CaCl_2 \cdot 2H_2O < FeCl_3 \cdot 6H_2O < CuCl_2 \cdot 2H_2O$。

烧结具备从头合成反应的大部分条件：存在氯源，氯来自于回收的废铁、炉渣及铁矿中的有机氯成分；烧结生产所用燃料包括固体燃料（焦粉、煤粉）和气体燃料（点火煤气：COG、BFG 和 BOFG），以固体燃料消耗为主。因固体燃料受烧结混合料中的分布、烧结工艺等因素的影响，部分燃烧不完全，形成烧结粉尘和烧结矿及返矿中的残碳；含有大量可作为催化剂的铜和铁等过渡金属及其氧化物；有充足的氧存在；烧结料床中存在温度为 250~450℃ 的温度带。因此，从头合成是烧结过程中二噁英类生成的重要途径之一。Xhrouet 等[59~61]以比利时烧结厂的飞灰为研究对象，认为从头合成理论完全能够解释烧结过程中 PCDFs 的生成。同时他们也提出，对于 PCDDs 的生成，还必须要考虑由前生体生成的可能。

Buekens 等[33]利用固定床流体反应器，以取自烧结机不同部位的烧结原料和静电除尘器（ESP）中除尘灰为研究对象，进行了二噁英类从头合成的模拟实验。这些部位包括烧结机布料器、点火区、烧结区和冷却区。典型的实验条件是在空气气氛下，在 300℃ 下反应 2h。研究发现，取自烧结机布料器和点火区样品中的二噁英类浓度在实验前后变化不大，烧结区和冷却区样品中的二噁英类浓度在实验后略有升高，ESP 除尘灰中的二噁英类浓度升高的幅度最大，并认为，这些样品中的二噁英类很可能都是由从头合成的途径生成的。从而提出在烧结机的烧结区、冷却区，以及废气排往电除尘的途中可能发生二噁英类的从头合成反应。研究还发现，如果降低气氛中的氧含量，PCDD/Fs 的生成也会急剧降低。因此，他们认为氧是引发从头合成反应的重要因素。并藉此提出为减少二噁英类的生成，可以采用废气循环和增加料床厚度的措施以降低烧结过程中的氧含量的设想。

Cieplik 等人[62]对烧结过程中二噁英类主要经由从头合成反应途径生成提出了疑义。他们认为 Bukens 等人在 300℃条件下进行的电除尘飞灰实验不符合实际情况，因为电除尘的操作温度不可能高于 170℃。并且他们还提出，实验室所得的指纹谱图与实际现场所测的谱图存在较大的差别，其原因可能是由于实验室所选用的原始烧结料中还没有含有氧化铁皮等含油厂内废弃物，从而影响了二噁英类的生成。现场取样点的位置也可能造成同类物分布的不同。因此，上述实验不足以证明烧结过程中二噁英类的主要生成途径是经由从头合成反应生成的。

Kasai 等人也开展了在烧结干燥带中的二噁英类从头合成的模拟实验[63]。他们的实验结果与 Bukens 类似，在二噁英类从头合成的模拟实验中，可以观察到干燥带以及烧结混和料在实验过程中能够发生从头合成反应，但是其反应量远远不及垃圾焚烧炉飞灰在实验中的反应量。Kasai 等[63]根据从头合成的原理还提出，烧结过程中可能生成二噁英类的部位为烧结料床中的干燥带、锻烧带和烧熔区，烧结机后部的风箱，进入电除尘的烟道，以及静电除尘器中。然而在对日本的两家烧结厂进行了综合测试后发现，烧结厂 A 废气中的 PCDD/Fs 浓度从风箱到电除尘进口并没有明显改变，仅从 195ng/m³（标态）变成 190ng/m³（标态）。烧结厂 B 废气中的 PCDD/Fs 浓度从风箱到电除尘进口则略有升高，从 46ng/m³（标态）升高至 58ng/m³（标态）。因此，他们认为风箱以及干式电除尘的烟道中 PCDD/Fs 的生成并不明显。与此不同的是，Kasama 等人[64]发现烧结过程中二噁英类的排放主要发生在两个烧结阶段，一个是当烧结料床的干燥带到达铺底料层时，一个是当熔融带到达铺底料层时。当熔融带到达铺底料层时，风箱中的烟气温度达到 300℃左右，因此，他们认为这部分的二噁英类是在风箱中生成的，并以此为依据提出控制烧结过程的烧透点，可以有效降低这部分二噁英类的生成。

综上所述，烧结过程中二噁英类的主要生成机理还没有最终的定论，应该说是由上述三种机理综合作用的结果。关于烧结过程中二噁英类的生成机理还有待进一步的研究。

1.2.5　小结

（1）与垃圾焚烧产生的二噁英类同类物分布不同，烧结过程中二噁英类同类物的分布存在非常类似的分布规律：在 17 种 2，3，7，8 氯代二噁英中，以

PCDFs 为主，其总浓度比 PCDDs 的总浓度高 10 倍左右；而在 PCDDs 中，又以高氯代 PCDDs 为主。

（2）烧结机风箱内的二噁英类排放规律是随着烧结机由前向后逐渐增加，在烧结机尾部的最后几个高温风箱内达到最大值。

（3）烧结生产过程中，二噁英类及其前生体在烧结料层的上部生成后，经冷凝、吸附再次气化的过程被带入到排放烟气中。但在风箱内是否还能继续生成二噁英类，还存在较大争议。

（4）目前的研究表明，烧结过程中二噁英类的生成机理是"从头合成"、"前生体合成"、"原生二噁英类物质未完全分解"这三种生成机理综合作用的结果。更加明晰的烧结过程中二噁英类的生成机理还有待进一步的研究。

1.3　烧结烟气二噁英类减排控制技术研究进展

根据二噁英类的性质和其在烧结过程中的生成机理，其控制技术应该从三方面考虑：源头抑制技术，可通过控制烧结原料的组分，减少氯源及重金属的量，从而减少二噁英类的生成量；过程控制技术，通过调整工艺操作参数、烟气循环等技术控制二噁英类的生成量；末端烧结烟气净化技术，对于烧结烟气中已生成的二噁英类，通过物理吸附、催化降解等措施进一步削减二噁英类的排放量。

1.3.1　源头抑制技术

烧结过程中，经由 de novo 合成反应是生成二噁英类的重要途径之一，其中碳源、氯源以及铜等重金属催化剂的存在是发生上述反应的重要前提。烧结混合料中的焦炭以及返回烧结循环利用的一些粉尘都可以提供足够的碳源。因此减少氯源和铜等重金属是抑制烧结过程中二噁英类生成的重要手段。

烧结混合料中，氯主要是以 KCl 和 NaCl 的形式存在，在烧结过程中的高温条件下，被转换成气态物质，如 HCl 和 Cl_2，以及少量的金属氯化物。Suzuki 等人[63]在研究烧结过程中二噁英类生成机理的过程中发现，烧结过程中的气态 HCl 是促进烧结烟气中二噁英类含量提高的主要因素。对于同样含有 0.1% $CuCl_2$ 的烧结混合料，当反应气氛中提供 HCl 气体后，烧结烟气中的二噁英类含量是不提供 HCl 气体的 18 倍，混合料中的二噁英类含量是不提供 HCl 气体的 6 倍。Kasai 等人[2]还对烧结混合料中不同的含氯化合物对二噁英类生成的影响进行了研究。也证明在烧结混合料中增加氯源，能够明显增加烧结烟气中的二噁英类含量，然而有机氯源和无机氯源两者对二噁英类生成的影响区别还不明确。除此之外，他们的研究表明，返回烧结利用的电除尘除尘灰能够大幅增加烧结烟气中的二噁英类含量。

此外，烧结混合料中还含有大量铁氧化物和碳酸钙，因此会含有少量的铜化合物[63]，是 de novo 合成反应中的重要催化剂。Suzuki 等人[63]在实验室内将烧结原料中分别加入一定量的 CuO 和 $CuCl_2$，发现烧结烟气中二噁英类的浓度均有大幅度的上升，且后者对二噁英类的形成起的作用更大。证明了烧结过程中 Cu 化合物的催化作用，且随着 Cu/C 的增加，二噁英类的形成速度也在加快。

1.3.1.1　减少烧结混合料中的氯和铜

减少烧结混合料中的氯和铜，首先需要对原材料进行选择，尽量使用氯、铜等元素含量较低的原料。其次为了减少带入烧结的氯源，经处理后的碳钢冷轧酸性废水不宜作为浊循环的补充水回用于轧钢冲氧化铁皮（用作烧结混合料的氧化铁皮中通常含氯量相对较高），同时也不宜用作矿石料场洒水[65]。此外，国内烧结厂较普遍采用的在成品烧结矿表面喷洒 $CaCl_2$ 溶液来控制烧结矿低温还原粉化率（RDI）指标的方法，人为地增加了烧结工艺过程的氯源，不利于二噁英类的减排控制。

铜元素对二噁英类的生成有催化作用，某些种类的铁矿石中铜含量较高，应选择铜含量低的铁矿石作为原料。理想的方法是通过洗涤或高温方式减少烧结原料中的氯元素和铜元素[3]。

1.3.1.2　抑制二噁英类生成技术

源头抑制技术的另一重要措施是向原料中添加碱性吸收剂或抑制剂。Doris Schuer 等认为，原料中的氯化物被加热后形成气态 HCl 是烧结过程中形成二噁英类的重要源头[66]。向原料中添加碱性吸收剂，如 CaO、$Ca(OH)_2$ 等，能有效吸收烟气中的 HCl 等，从而减少可生成二噁英类的有效氯源。Naikwadi 等在实验室实验中发现，用作烟气中酸性气体净化的碱性吸附剂和 CaO 对 PCDD/Fs 生成有抑制作用，但用在实际焚烧炉中却有不同的结论：使用石灰和白云石减少了 PCDD/Fs 浓度，但使用 $Mg(OH)_2$ 和 CaO 却使 PCDD/Fs 的浓度增加了[67]。

也可以向原料中添加适合的抑制剂，如一些含 S、N 的化合物均对二噁英类的生成有一定的抑制作用。尿素[68,69]、氨[70]、单乙醇胺（monoethanolamine）[71]、三乙醇胺（triethanolamin）[72] 以及 EDTA（ethylene diamine tetraacetic acid）[28] 都被证明对二噁英类的生成有一定的抑制作用。这类化合物都能够提供带有孤对电子的分子，可与 Cu、Fe 及其他过渡金属反应形成稳定的化合物，从而降低其催化性能，达到抑制二噁英类生成的效果。其中尿素由于稳定、易操作、价格便宜，是一种稳定的固体颗粒且获取容易，因此是一种经济有效的抑制剂。加入的方法可以是在添加煅烧石灰的定量给料机旁、混合机之前将尿素颗粒加入混合料中。加热时，在烧结料层内部接近火焰前缘的地方，尿素开始分解，在可能发生从头合成反应的地方附近释放出氨，从而抑制二噁英类的形成。英国 Corus 公司通过实验确定了在烧结混合料中最佳的尿素添加量，可以使二噁英类排放量减少 50%，同时没有显著增加排放烟气的颗粒物和氨浓度[72]。Samaras 等[69]认为投加无机硫可使二噁英类排放减少超过 98%，投加磺胺酸可使二噁英类排放量减少超过 96%，含硫化合物主要是通过降低催化剂活性，磺化二噁英类的前生体来抑制二噁英类生成。含氮化合物（尿素、有机胺等）都可以抑制二噁英类生成。Ruokojarvi 等人[70,73~76]分别研究了 SO_3、NH_3、DMA 和 MM 对二噁英类生成的影响，结果显示，不同的抑制剂对二噁英类排放浓度降低的程度不同，同时，抑制剂对颗粒相和气相二噁英类浓度的影响也不相同。对于烧结工艺，不允许在混合料中添加含 S 的化合物。

1.3.2 烧结工艺过程控制

二噁英类物质主要是在烧结过程中生成的，对烧结工艺过程进行控制，可以有效地减少二噁英类的生成量。烧结过程控制主要有以下几种途径：

（1）对烧结工艺进行优化，更好地控制烧结终点，改进料层烧结条件和透气性等，使烧结机保持稳定连续操作，可以减少二噁英类污染物的生成量。属于世界最大的钢铁集团公司 ARCELOR 集团的比利时钢铁厂通过改变烧结料层的厚度和添加烧石灰等措施，减少了 85% 左右的二噁英类生成量[65]。

（2）烟气循环技术。让烧结产生的部分废气重新进入烧结层，其中含有的二噁英类等有机污染物等在烧结过程中被高温分解，使废气量减少，硫氧化物和粉尘浓度增高，提高了脱硫、除尘效率；而废气自身的热量和其中的 CO 等可燃成分也可以被充分利用，从而节约了固体燃料的消耗。目前，烟气循环的应用技术主要有 EOS、Eposint 和 LEEP 方法等。

EOS（Emission Optimized Sintering）是由德国 Lurgi 公司开发的废气循环优化烧结法。该工艺在烧结机上安装机罩，从烧结机头除尘器后抽取 40% ~45% 的废气用作助燃空气，调整氧含量后回用到烧结过程中，不仅减少了烧结废气量，利用了烧结废气的显热和其中的可燃成分，而且大大提高了废气中粉尘和 SO_x 的脱除效率，降低了二噁英类和 NO_x 的生成量。其工作原理如图 1-7[77]所示。

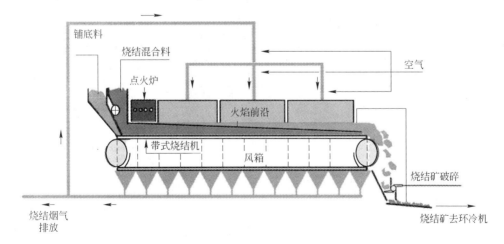

图 1-7　EOS 工艺流程

根据艾默伊登烧结厂 1994～1995 年的数据，EOS 工艺在没有影响烧结矿品质的前提下，使污染物的排放量有了显著的减少，见表 1-2。

表 1-2 EOS 工艺投产前后污染物排放量对比

指标（标态）	投 产 前	投 产 后	减排量/%
流量	$1100000m^3/h$	$580000m^3/h$	47
SO_x	$527mg/m^3$	$715mg/m^3$	28
NO_x	$299mg/m^3$	$348mg/m^3$	39
粉尘	$234mg/m^3$	$198mg/m^3$	55

由上述数据可以看出，EOS 工艺的应用明显降低了烧结烟气中污染物的排放量，并且，在回用时 CO 可以替代一部分焦粉提供热量，这不但节约了焦粉的使用量，也使 SO_2、NO_x 等的生成量有所降低。

Eposint 工艺是由西门子奥钢联和位于奥地利的奥钢联钢铁公司联合开发的，是对 EOS 法的进一步优化。它不同于 EOS 法从总废气流中分出一部分用于循环，Eposint 工艺根据各风箱的流量和污染物排放浓度，只取废气温度升高区域的风箱中的气流用于循环。由于烧结机废气温度升高的区域会随操作条件和原料配比的变化而变化，因此，该工艺中各个风箱的废气流均可以单独排出，根据需要决定导向烟囱或返回烧结机进行循环，这使得 Eposint 工艺可以灵活地应对各种工艺条件的波动。Eposint 的流程如图 1-8 所示。

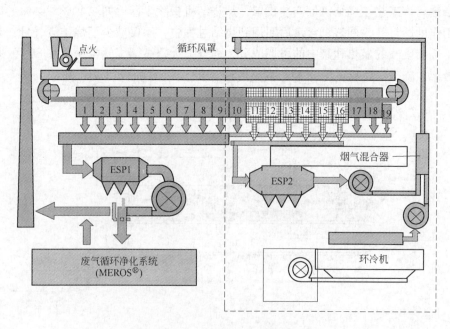

图 1-8 Eposint 工艺流程

该工艺自 2005 年 5 月在林茨钢厂 5 号烧结机上投入运行以来，吨烧结矿粉尘和污染物（包括 SO_2、NO_x、二噁英类、重金属、碱金属和氯化物等）的绝对排放量显著降低，燃耗（焦粉）降低了 2～5kg/t。Eposint 系统投产前后的主要生产指标和排放指标列于表 1-3。

表 1-3　Eposint 系统投产前后的主要生产指标和排放指标对比

指标（标态）	之前	之后
烧结矿产量/$t \cdot (24h)^{-1}$	6350	8300
生产率/$t \cdot (m^2 \cdot d)^{-1}$	37.6	36.6
焦粉单耗/$kg \cdot (t 烧结矿)^{-1}$	45	41
点火煤气单耗/$MJ \cdot (t 烧结矿)^{-1}$	50	40
电耗/$kW \cdot h \cdot (t 烧结矿)^{-1}$	40	40
粉尘排放/$mg \cdot m^{-3}$	46～104	38～66
SO_2 排放/$mg \cdot m^{-3}$	420～952	390～677
NO_x 排放/$mg \cdot m^{-3}$	240～544	240～416
HF 排放/$mg \cdot m^{-3}$	1.0～2.3	0.6～1.0
烧结矿粒级（4～10mm）/%	32～34	33～36
转鼓指数（ISO+6.3mm）/%	78～82	79～82
RDI（-3.15mm）/%	18～20	19～20
还原性 $RI(dR/dt, 40)$	0.9～1.0	0.95～1.05

由表 1-3 可以看出，Eposint 工艺对烧结矿的产品质量没有负面影响，而对能耗及污染物排放量均有明显改善。

LEEP 工艺是由德国 HKM 公司开发的，该工艺烧结机设有两个与烧结机方向平行的废气管道，一个管道只从机尾处回收热废气，同时另一个管道回收前段的冷废气。经过热交换，热废气冷却至 150℃ 并引入烧结机台车上部废气循环罩内，冷废气则被换热至 110℃ 并引入烟囱（图 1-9）。冷废气在进入电除尘 EP2 时，喷入褐煤活性焦吸附脱除二噁英类，以减少二噁英类 POPs 的排放。

HKM 公司实施该技术以来，减少烧结废气排放量达 45%，减少烧结焦粉单耗达 5kg/t 烧结矿，而烧结矿的质量并没有降低。LEEP 工艺实施前后其排放指标见表 1-4。

表 1-4　LEEP 工艺实施前后其排放指标对比

指标（标态）	传统烧结工艺	LEEP
排放体积（dry）/$m^3 \cdot h^{-1}$	1330×10^3	730×10^3
粉尘（mg/m^3）/%	50～100	50～55
SO_2（mg/m^3）/%	500～100	350～40

指标(标态)	传统烧结工艺	LEEP
$NO_x(mg/m^3)/\%$	400 ~ 100	370 ~ 51
$CO(g/m^3)/\%$	9.3 ~ 100	9.2 ~ 55
CO_2(体积分数)/%	3.3 ~ 100	5.7 ~ 95
$HCl(mg/m^3)/\%$	30 ~ 100	20 ~ 37
$HF(mg/m^3)/\%$	2 ~ 100	1.5 ~ 45

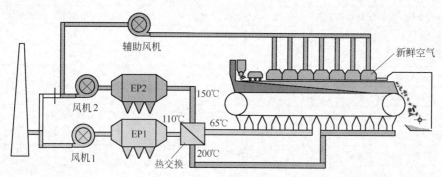

图 1-9   HKM 开发的烧结废气循环 LEEP 工艺

综上所述，EOS、Eposint 和 LEEP 三种工艺的基本原理都是通过使部分烟气循环来减少处理烟气量和烟气中多种污染物的量，同时，烟气中的可燃成分代替部分固体燃料提供热量，从而达到节能减排的功效，也降低了后续烟气脱硫装置的投资和运行费用。三种工艺各有优缺点，具体如何选择应根据各烧结厂的具体情况而定。

1.3.3   烧结尾气中二噁英类末端治理技术

烧结过程中已经生成的二噁英类主要分布在飞灰和烟气中，针对这两部分的控制技术主要有物理吸附与高效除尘相结合的吸附脱除工艺和二噁英类的选择性催化还原（SCR）技术。

1.3.3.1   吸附脱除工艺

吸附脱除工艺往往是烧结烟气综合治理技术中的一部分，经常与烧结烟气中的脱硫、脱硝技术相结合，最终达到烧结烟气综合净化的目的。主要分为与循环流化床工艺相结合的半干法净化工艺以及活性炭吸附塔工艺。

A 半干法净化工艺

与循环流化床工艺相结合的半干法净化工艺的主要目的是脱除烧结烟气中的二氧化硫，然而在脱硫剂中增加一部分吸附剂则可以同时脱除二噁英类物质。该技术中最有代表性的是由西门子奥钢联（SVAI）针对烧结厂和球团厂废气处理开发的，称为 MEROS 的工艺。MEROS 工艺是一种干法废气净化工艺，该技术也是 SVAI 对其湿式洗涤技术（Airfine）的升级换代。该工艺的工艺流程如图 1-10 所示，MEROS 工艺的第一步是把由褐煤焦或活性炭粉以及脱硫剂（$NaHCO_3$ 或 $Ca(OH)_2$）组成的吸收剂高速（大于 30m/s）逆流喷入烧结废气流中，由于碳吸收剂的高孔隙结构，可以吸附重金属、硫化合物以及二噁英类等污染物，通过这一步，大约 50% 的气体净化反应就已经完成了。当使用 $Ca(OH)_2$ 做脱硫剂时，需要在调节反应器内通过两相（水、压缩空气）气雾喷嘴喷射水雾冷却加湿，加湿能促进废气流中二氧化硫等酸性气体成分被石灰吸收。然后所有的粉尘颗粒随同废气流流向脉冲喷气型布袋除尘器，在这里粉尘（包括一次灰、有机化合物、添加剂和反应产物）被大部分去除。

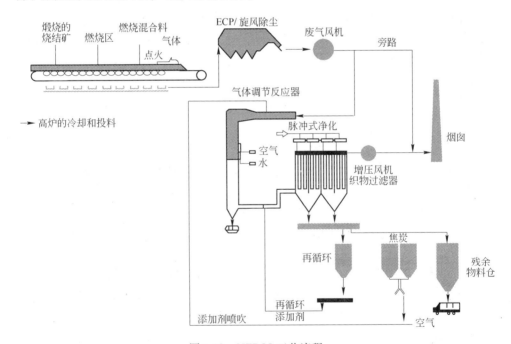

图 1-10 MEROS 工艺流程

为了提高废气净化效率，降低添加剂的成本，布袋除尘器分离出的大部分粉尘返回到废气流中循环利用，另外一部分灰尘从系统中排出并被送至储灰斗，随后被运走供外界填埋。由于用于再循环的粉尘包括一次灰、碳/焦粉、未反应的脱硫剂等，返回到废气流中以后，未反应的吸收剂再一次与废气进行接触，提高了吸收效率、降低了成本。

2007 年 8 月该工艺在奥钢联的 MEROS 工业厂投入运行，从前九个月的运行情况来看，烧结废气的飞尘排放量减少了 99%，汞和铅的排放量分别减少了 97% 和 99%，二噁英类物质的去除率达到了 99% 以上，SO_2 的排放也大大低于以前的水平[78]。该法的主要缺点是脱硫脱二噁英类的固废产物需要填埋处理。

B 活性炭塔吸附工艺

活性炭塔吸附工艺最早的目的也是用于脱除烧结烟气中的二氧化硫和氮氧化物。与此同时，活性炭塔同时也具有同时脱除二噁英类污染物质的功能。该方法由德国 Bergbau Forschung 公司开发[79]，主要原理为在一个活性炭吸附器中，用活性炭吸附 SO_2，并在氨还原 NO_x 过程中起催化作用，实现同时脱硫脱氮，消耗的吸附剂可在高温下再生。德国和日本一些公司已将该技术投入到工业应用中。但因 SO_2 的脱除反应优先于 NO_x 的脱除反应，所以大多数工艺须采取二级吸收塔。如果烟气中 SO_2 浓度较高，则活性炭消耗大，投资将增加。在实际应用中发现活性炭综合强度低，用于移动床，因吸附、再生往返使用损耗大。近年来，日本、德国和美国等国相继开展了用综合强度较高、比表面积较小的活性焦作为吸收剂的研究，取得了比一般活性炭更好的效果，并进一步降低了损耗，我国也开展了褐煤制焦的研发与工业中试。Ekehard Richter 等[80]用强度较高的活性焦炭，经活化、浸渍 Na_2CO_3 处理后用于烟气的脱硫脱氮，SO_2 与 Na_2CO_3 反应生成 Na_2SO_4，从而降低了吸附剂的消耗，进而降低了投资成本。因此也可称之为活性焦吸附工艺。

活性焦吸附技术可适合钢铁企业烧结烟气工况和气量波动较大、含污染物成分复杂的特点，可以在烧结机烟气脱硫脱硝中起到良好的作用。在国外的大型钢铁公司，大约有 15 台左右的大型钢铁烧结机采用了活性焦干法烧结烟气脱硫脱硝技术。这些大型钢铁公司用户包括日本新日铁公司、日本 JFE 公司、日本住友金属公司、韩国浦项钢铁公司、澳大利亚博思格钢铁集团和我国的太钢（集团）公司[81]。

然而该工艺的最大弊病在于高昂的设备投资和运行费用。韩国浦项钢铁公司在 3 号和 4 号烧结机增设脱除烟气中二噁英类及 SO_2 的活性炭吸附塔工业装置，该装置投资 1087 亿韩元（约合 7.5 亿元人民币），年运行费为 60 亿韩元（约合人民币 4000 万元/年），每天需补充 3.5t 活性炭。首次投资成本已接近新建烧结厂成本的一半，大部分国内钢铁企业难以承受如此大的经济压力。

目前，国内对活性焦脱硫技术的研发和工程应用已有了一定基础，但是对应用在烧结机烟气同时脱硫脱硝以及脱二噁英类方面，研究和应用工作尚处于起步阶段，缺乏自主知识产权的核心技术，因此，研发经济实用、技术先进的活性焦烧结烟气综合净化技术及装备并实现国产化，以及实现脱硫副产物资源化回收再利用是烧结烟气净化技术今后发展的主要方向。

1.3.3.2　催化降解技术

催化降解技术是一种较新的方法，当含二噁英类的烟气通过催化剂时，二噁英类污染物可以在催化剂的作用下被氧化，生成 CO_2、水和 HCl 等无机物，催化剂多为氧化钛载钒、钨、钼等过渡金属类催化剂以及硅胶、活性炭等载金、钯、铂等贵金属类催化剂。根据烧结工艺中二噁英类的形成原理，其形成温度为 250~450℃，因此德国西门子公司开发了一种工艺，把催化剂加在高温段的风箱后，其工艺流程如图 1-11 所示[82]。

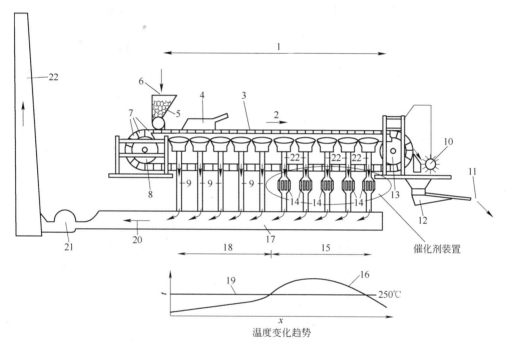

图 1-11　德国西门子公司开发的催化降解技术

1—烧结机料面；2—烧结机转动方向；3—烧结机料床；4—点火炉；5—布料槽；6—烧结混合料；
7—烧结机台车；8—烧结机机头星轮；9—风箱支管；10—破碎机；11—烧结矿；12—溜槽；
13—机尾星轮；14—催化剂装置；15—高温段；16—温度曲线；17—主抽风管；
18，19—低温段；20—气流方向；21—主排风机；22—烟囱；

如图 1-11 所示，在烧结过程中，点火器点燃烧结料表面层，并用抽风机从上向下抽入空气，使烧结料层内的焦粉燃烧，随台车向前移动。烧结自上而下地不断进行，烧结块在烧结机尾的台车上自动卸下。在烧结台车的正下方有一排风箱，与主排风管道相连，把烧结料层中的空气和烟气抽走。在这一过程中，烧结料的温度随之变化。根据二噁英类形成的原理，其形成的温度区间在 250~450℃之间。因此以 250℃ 为分界点，低于此温度的区域（图 1-11 中的 19 部位），基本不含二噁英类，抽出的气体可以不经处理，直接进入主排风管道排出。高于此温度区域（图1-11中的16部位）的烟气，在进入主排风管道前，先经过催化剂装置（图1-11中的14部位），催化分解其中的二噁英类后，才排入主排风管。该方法的缺点是低温段产生的二噁英类物质不可控制，无法确保其排放符合标准。

在此基础上，西门子公司作了进一步改进，如图1-12所示。将进入主抽风机（图1-12中的1）前的排气管道分为两部分（图1-12中的2和3）。为防止低温段（<250℃）有少量二噁英类生成，因此在排气管（图1-12中的2）前安置二噁英类吸收装置（图1-12中的4），此装置内的吸收剂可以是活性炭和石灰，用于吸附少量二噁英类。在高温段区域（>250℃），在风箱排气管路出口处设置一个温度感应阀（图1-12中的5），当温度低于250℃时，气体经过二噁英类吸附装置排出。当温度高于250℃时，气体则经过催化剂装置（图1-12中的6），从管道（图1-12中的3）排出。该方法用活性炭吸附剂来吸附低温段产生的少量二噁英类，活性炭的用量少，可降低运行成本。温度感应阀的设置可以根据温度变化调节烟气流向，降低对催化剂的使用频率，延长催化剂使用寿命。

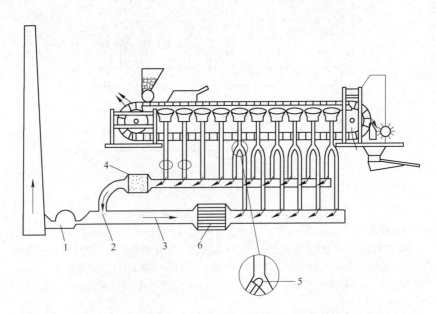

图1-12 烧结烟气二噁英类催化分解工艺示意图

1—主抽风机；2，3—排气管；4—吸收装置；5—温度感应阀；6—催化剂装置

以上两种方法都是使高温段产生的大量二噁英类烟气直接通过催化剂分解，可以切实将生成的二噁英类分解为小分子无机物，并且由于此时气体温度都在250℃以上，能满足催化剂所需的较高温度，因此无需开发低温催化剂。但对催

化剂的要求很高，由于烟气没有经过任何处理，含有很多粉尘、重金属，很容易造成催化剂堵塞和中毒，影响催化剂的使用寿命。

综上所述，由于烧结烟气温度较低，烟气成分复杂，催化剂的生产成本以及运行成本都非常高昂，因此利用催化分解技术对烧结烟气中的二噁英类污染物进行处理的技术还未得到推广应用。

1.3.4 烧结烟气二噁英类减排综合治理技术

实际生产中，由于受到减排效率、现场生产现状、投资成本等多方面因素的制约，往往需要依据工厂的现有条件，采取多种技术串联的方式以达到控制二噁英类排放的目的。

1.3.4.1 添加抑制剂 + 急速冷却 + 烟气循环

为满足日益严格的二噁英类排放标准，英国 Corus 钢铁公司采用了添加抑制剂 + 急速冷却 + 烟气循环的联合技术对烧结过程中的二噁英类排放进行控制。首先，在烧结混合料中添加固体尿素，如图 1-13 所示。选择固体尿素作为抑制剂的原因是由于烧结过程物料堆积比较紧实，烧结床底部的湿度大，造成透气性不佳，会在料床表面生成大量有害烟气，如果直接使用气体氨气或液体氨，会造成严重环境问题。将烧结料和固体尿素以一定比例（该方法中尿素占 0.02% ~ 0.04% 重量）在烧结前充分混合，然后进入台车进行烧结。烧结过程中，固体尿素会缓慢热分解，释放出 NH_3，以抑制二噁英类的产生，并能有效减少 NO_x，SO_2，HCl 气体等气体的产生。除此之外，由于二噁英类形成的温度区间在 250 ~ 450℃。因此使从风箱出来大于 250℃的烟气迅速冷却至 200℃以下，可防止二噁英类的形成，然后重新循环进入燃烧区提供烧结所需要的空气。烟气的冷却可以通过向风箱处的烟气喷入气体和液体，建议使用氨气和液氨，进一步消除二噁英类；或在风箱的表面用水冷却。该方法可以减少烟气的排放量，节约能源；缺点是需要对现有工艺进行改造，并且由于烟气迅速被冷却，该部分热能没有得到充分利用。

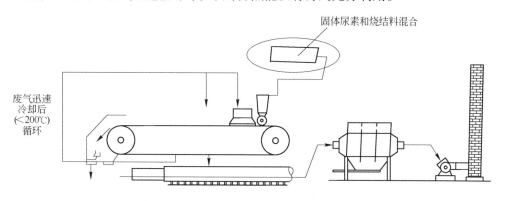

图 1-13 添加抑制剂 + 急速冷却 + 烟气循环

1.3.4.2　选择性催化还原 + 烟气循环

日本采用了一种选择性催化还原加烟气循环的方法，如图 1-14 所示。该方法是将烧结带的烟气分为低温区和高温区。高温区的烟气含二噁英类很高，先循环至低温区，与低温区烟气混合后一起排出。然后依次通过除尘器 8、脱硫装置 11、调温器 12、催化剂塔 13（可同时分解二噁英类和 NO_x），最后进入烟囱 14 排出。

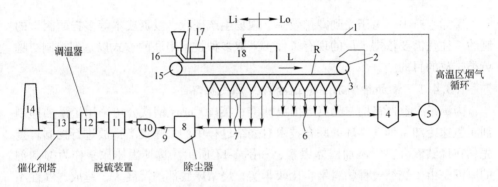

图 1-14　选择性催化还原加烟气循环

1—循环烟气管道；2—烧结矿破碎；3—机尾星轮；4，8—除尘器；5—循环风机；6—高温段风箱支管；
7—低温段风箱支管；9—主排风管；10—风机；11—脱硫装置；12—调温器；13—催化剂塔；
14—烟囱；15—机头星轮；16—烧结混匀料；17—点火炉；18—循环风罩；I—点火区；
Li—低温段；L—烧结机料面；R—烧结机台车

该方法的优点是可以同时脱除二噁英类，NO_x 和 SO_2，效率高。通过高温区烟气循环可以减少粉尘的排放量。烟气经过除尘和脱硫后，重金属和粉尘大大减少，降低了催化剂中毒的可能性，延长了催化剂使用的寿命。但由于烟气温度在经过除尘和脱硫后会降低很多，需增加调温器，升高烟气温度，以满足催化剂对温度的要求，因此对能源的消耗量大。

1.3.5　小结

到目前为止，烧结仍然是全流程钢铁企业生产链条上的一个重要环节。国外尤其是日本、欧洲等发达国家对烧结排放烟气中二噁英类物质的含量已有严格的标准限制和控制措施。国内对烧结环节产生二噁英类物质的监测和排放控制仍处于起步阶段。由于烧结烟气排放量巨大（$450m^2$ 烧结机主排气烟气排放量（标态）达 $1200000m^3/h$），烟气量及烟气温度波动大，排放点分布较宽，烟气中烟尘颗粒更细、吸附性更强，烟气中含多种无机和有机污染物（如 SO_2、NO_x、重金属元素及其氧化物、VOCs、PAHs、PCDD/PCDFs、Cl^-、F^- 等），这些因素使得烧结烟气处理变得异常复杂和难于处理，并且代价昂贵。因此应根据烧结烟气的特点，结合现场的实际情况，选择合理的减排方案。开发出高效、低成本的适合现场生产工艺特点的二噁英类减排技术。

1.4 本章小结

综上所述，国外已经对烧结过程中二噁英类的生成和控制开展了一系列的研究，然而一些技术的应用仍然处于摸索阶段；并且由于我国烧结生产与国外烧结生产存在的差异性，使得是否能够直接引进国外的一些研究成果仍存疑问。目前我国在这方面的研究还处于起步阶段，针对烧结过程二噁英类的生成研究还处于空白。本书的研究思路和主要研究内容如下：

（1）对我国典型烧结机烧结过程中二噁英类的生成机制及排放规律开展深入调查和研究，为二噁英类减排和控制技术的选取提供基础信息和数据支持。

（2）在烧结过程中添加新型抑制剂，并以尿素为对比实验，开展两者对烧结过程中二噁英类生成的抑制实验，并确定最佳投加配比，同时确定抑制剂的添加是否会对烧结矿的质量产生影响，是否会造成新的污染物排放。

（3）结合循环烧结工艺，对循环烧结条件下，各种工艺参数对二噁英类生成的影响进行剖析，对循环烧结的二噁英类减排效果进行准确评估，为该技术的推广应用提供理论依据。

2 烧结烟气及飞灰样品的采集和分析

2.1 概述

二噁英类化合物在环境样品中的含量往往是痕量水平，一般都在 pg/g 或 pg/L 的水平甚至更低，即便在分析仪器非常发达的今天，二噁英类化合物的分析仍旧是十分具有挑战性的工作。当前国际上通行的比较有代表性的二噁英类测定方法主要有三大标准体系，即美国环保署的 EPA Method 1613 和 EPA Method 8290 等分析方法，以及 EPA Method 23 等取样方法，欧洲的 EN1948 方法和日本的 JIS K 0311 及 JIS K 0312 方法。总体上比较而言，日本 JIS 方法提出较晚（1999 年），其对内标物的回收率限制更严。这些标准分析方法均采用了"同位素稀释—多层色谱柱净化—高分辨气相色谱/高分辨质谱（HRGC/HRMS）分析"的技术路线，但是在某些技术细节和指标要求上存在着一些差别。

本章主要借鉴国际上公认的权威方法美国 EPA23（采样方法）、EPA 1613b（分析方法），同时参考日本 JIS 0311/2 以及我国的《环境空气和废气 二噁英类的测定 同位素稀释高分辨气相色谱—高分辨质谱法》（HJ 77.2—2008）方法和《固体废物 二噁英类的测定 同位素稀释高分辨气相色谱—高分辨质谱法》（HJ 77.3—2008）方法，以及一些近期文献报道，研究和探讨包括烧结烟道气采样、样品前处理、仪器分析和定性定量整个方法的实施。结果表明，本方法可以满足钢铁行业烧结、电炉除尘灰和烟道气等基质样品的分析，为下一步研究的进行奠定了可靠的基础。

2.2 实验部分

2.2.1 试剂与仪器

2.2.1.1 标准溶液及试剂（表2-1）

表2-1 标准参考物质列表

名　　称	说　　明
EPA1613 ISS	^{13}C 标记内标准溶液
EPA1613 LCS	^{13}C 标记添加标准溶液

名　　称	说　　明
EPA1613 CS1	五点标准曲线溶液
EPA1613 CS2	
EPA1613 CS3	
EPA1613 CS4	
EPA1613 CS5	
EPA1613 CS3WT	^{13}C 标记窗口标准溶液
EPA1613 CSS	^{13}C 标记净化标准溶液
EPA23 IS	^{13}C 标记内标准溶液
EPA23 SS	^{13}C 标记标准溶液
EPA23 RS	^{13}C 标记回收标准溶液
EPA23 AS	^{13}C 标记替代标准溶液
EPA23 CS1	五点标准曲线溶液
EPA23 CS2	
EPA23 CS3	
EPA23 CS4	
EPA23 CS5	

表2-1 为二噁英类分析所用的标准参考物，全部购自 Wellington 公司（Wellington Laboratories，Gulph，Canada）。其余实验所用的有机溶剂均为农残级试剂。正己烷、二氯甲烷、甲苯、甲醇和丙酮购自 Tedia（Fairfield，USA）或 Merk（Merck，Germany）。使用前均经过浓缩 1 万倍后用高分辨检测无干扰后投入使用。无水硫酸钠购自美国 Tedia 公司。优级纯浓硫酸、优级纯盐酸和优级纯氢氧化钠为国药集团化学试剂有限公司生产。实验中所用去离子水，均需经正己烷溶液洗脱后，储存于已用二氯甲烷及甲苯淋洗后的附特氟龙内衬瓶盖玻璃瓶内。

2.2.1.2　仪器

6890N 气相色谱仪（Agilent 公司，美国）；Autospec – Ultima NT 高分辨质谱仪（Waters 公司，美国）；B-811 自动索提装置（Buchi 公司，瑞士）；R-205 控温旋转蒸发仪（Buchi，瑞士）；程控烘箱（Binder 公司，德国）；Rapid Vap 氮吹仪（Labconco 公司，美国）；AX-205 电子天平（Mettler Toledo 公司，瑞士）；Lindberg/Blue 马弗炉（Lindberg 公司，美国）；超声波清洗器 SCQ-25-24（上海浦超，上海）；AST/SBAM5800 型等速气体采样仪（美国 Andersen 公司，美国）。

2.2.2　物料的制备

2.2.2.1　采样材料及其制备

（1）玻璃纤维滤纸：直径 110mm（Whatman），不含有机黏合剂（binder）。

1）滤纸清洗步骤如下：

将滤纸放入底端有粗孔玻璃滤板之萃取杯中，其上同样以粗孔玻璃滤板压在上方避免滤纸上浮，加入甲苯并回流 16h。萃取后，置冷，移去萃取液。取出滤纸利用氮气吹干，将滤纸置于已用二氯甲烷及甲苯清洗的玻璃培养皿中，并以特氟龙胶带密封或置于已用二氯甲烷及甲苯清洗的附特氟龙内衬瓶盖的玻璃瓶。

2）使用前取一滤纸，以甲苯索氏萃取 16h，分析萃取液，萃取液中的 PCDD/Fs 不得高于检测极限。

（2）吸附剂：Amberlite XAD-2® 树脂，使用市售已用二氯甲烷及甲苯淋洗的产品。

（3）玻璃棉：使用市售已清洗的产品。

2.2.2.2　色谱吸附填料及其制备

A　硅胶

活化硅胶购自德国 MERCK（Darmstadt，Germany）公司，规格：Silica Gel 60（0.063~0.100mm）。

硅胶的活化：将硅胶盛于石英坩埚内，在马弗炉中 550℃烘烤 12h 后降温到 180℃停留 1h 以上。取出在干燥器中降温后，转移至烧瓶中加塞密闭，保存于干燥器中备用。

酸性硅胶（44%）的配制：于烧瓶中称取 100g 活化硅胶，于硅胶上逐滴滴入 43mL 浓硫酸，并不断摇动硅胶使之尽量混匀直至 43mL 浓硫酸全部加入。将烧瓶加塞后不断摇荡，直至烧瓶内硅胶所有结块均消失，轻轻转动烧瓶观察，硅胶应为均匀流动状态。否则继续摇荡。如果无法达到均匀状态，则弃去此次配制，检查原因并重新配制。

碱性硅胶（1.2%）的配制：将 1.2g 氢氧化钠溶于 30mL 超纯水中，并逐滴滴入 100g 活化硅胶中。制备方法和要求同酸性硅胶的配制。

硝酸银硅胶（10%）的配制：将 5.6gAgNO₃ 溶于 21mL 超纯水中，AgNO₃ 溶液加入硅胶的方法和酸性硅胶的配制相同。用铝箔纸将装硝酸银硅胶的烧瓶全部包裹住，将烧瓶口用铝箔纸疏松地盖住，置于干燥烘箱中，30℃停留至少 5h 后升温至 60℃停留 3h，最后升温至 180℃至少 12h。于干燥器中降温后加塞密闭，保存在棕色干燥器中备用。如果制作过程中发现硝酸银硅胶颜色加深或局部变为灰黑色，则应弃去此次配制。造成硝酸银硅胶变色的主要原因是升温过快。

B　氧化铝

碱性氧化铝购自美国 Aldrich 公司（Milwaukee，USA）。规格为"Aluminum Oxide，activated，Brokmann I，Standard grade，about 150 mesh（约 5.8nm）"。

碱性氧化铝的活化：将碱性氧化铝盛于蒸发皿中，在马弗炉中 600℃烘制至少24h后降温到130℃停留至少3h。取出后在干燥器中降温，转至烧瓶中加塞密闭，并保存在干燥器中使用。活化后的碱性氧化铝要在两周内使用完毕，否则需要重新活化。

玻璃器皿主要购自上海宝山启航玻璃仪器厂。材料选用耐高温的硼酸盐玻璃。新的或使用过的玻璃仪器和其他器具尽快用有机溶剂清洗。先用正己烷洗三次，再用甲苯或二氯甲烷洗三次。在通风橱内等溶剂挥发干净后，用洗瓶机进行清洗。部分带有浓缩管的烧瓶，在洗瓶机清洗完后仍须人工清洗浓缩小管，以确保没有任何残留。洗涤后的玻璃器皿用去离子水淋洗三次后，置于烘箱中60℃条件下干燥。玻璃器皿在使用前再用丙酮、淋洗两到三次。

2.2.3 烧结烟道气及飞灰样品采集

由于烧结废气排放烟道的采样条件恶劣，几乎不能找到完全符合采样要求的采样点，因此对采样过程中是否能够满足等速采样要求提出了更严格的标准。本书采用等速采样法，即压力平衡法，使用特质的压力平衡型等速采样管采样。通过自动跟踪烟气流速，进行等速采样，是适合于不能满足标准采样孔设计以及烟气流速不稳定的最佳采样方法。

2.2.3.1 采样设备

采样设备选用美国 Andersen 公司的 AST/SBAM5800 型等速采样仪。采样流程图如图2-1所示，在组装时不得使用密封油脂（sealing greases）。

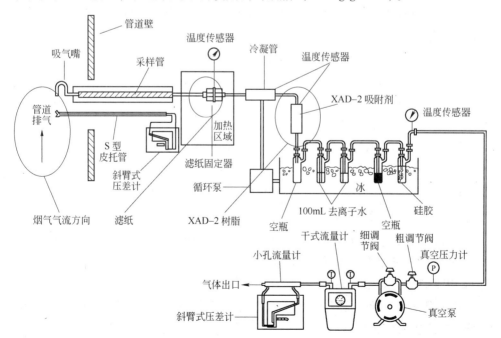

图2-1 二噁英类烟道气采样流程

主要部件说明如下：

吸气嘴（nozzle）：吸气嘴材质为石英玻璃，尖端变细长部位角度不大于 30°，并备有一系列不同口径吸气嘴，以适合采样时等速抽气的要求。

采样管内管（probe liner）：采样管内管为石英玻璃材质。

采样管外套：为不锈钢材质，采样管加热系统可维持管道排气在采样管内温度为（120±14）℃。

滤纸固定器（filter holder）：由硼硅玻璃制成。滤纸支撑体的材质为覆特氟龙金属。

滤纸加热系统（filter heating system）：加热系统在采样时维持滤纸固定架周围的温度在（120±14）℃。

冷凝管（condenser）：玻璃制、螺旋型式。

吸附剂套组（sorbent module）：玻璃容器可盛装 20~40g 吸附剂，底端用粗孔玻璃滤板以承载吸附剂，顶端用已用二氯甲烷及甲苯淋洗过的玻璃棉固定吸附剂。组装时吸附管应垂直置放，以使冷凝水流入及避免管道排气流形成渠道现象（channeling），且连接处应紧闭，可通过测漏实验。

冲击瓶组（impinger train）：设有 4 支冲击瓶，第一支为短头式 knock out 冲击瓶，第二支为 Greenburg Smith 标准冲击瓶，第三支以后为 Greenburg Smith 修正冲击瓶（其吸收管末端为内径 1.3cm 距冲击瓶底部 1.3cm 的玻璃管）。最后一个冲击瓶的出口设置有热电偶。

冰水循环浴槽（water circulating bath）：可提供冰水流经冷凝管及吸附管的水套，以维持管道排气进入吸附管前温度低于 20℃。

皮托管（pitot tube）：S 型皮托管材质为不锈钢类金属，外径介于 0.48~0.95cm 之间，皮托管系数为 0.84。

压差计（differential pressure gauge）：10in 水柱倾斜直立式压差计，美国 Dwyer（德威尔），型号 T35Q。在 0~1inH$_2$O（约 0~249Pa）倾斜的范围最小刻度为 0.01inH$_2$O（约 2.5Pa），而在 1~10inH$_2$O（249~2491Pa）倾斜的范围最小刻度为 0.1inH$_2$O（约 24.9Pa）。

计量系统（metering system）：包括真空表、无漏泵、在 0~90℃间和真值测量误差在（3℃的温度计或热电偶、体积测量误差在 ±2% 以内的干式气体流量计）。相关计量设备如表 2-2 所示。

使用温度感应器可监测到的采样组装部位有管道排气、采样管内管、滤纸固定器、吸附管入口、硅胶冲击瓶出口、干式气体流量计入口及干式气体流量计出口。

表2-2　采样装置计量设备

设备名称	型　号	准确度	制造厂家	用　途
干式流量计	MODEL DC-2	±2%	SHINAGAWA SEIKI	校准烟道采样器中干式流量计
10in 水柱倾斜直立式压力计	T35Q	±1%	美国 Dwyer（德威尔）	校准烟道采样器中小孔流量计压差
温度校准器	840A	±3℃	美国 Dwyer（德威尔）	校准烟道采样器中各热电偶温度
数显便携式气压计/温度计	DPI 705	±2.5mmHg（约33.3Pa）/ ±3℃	Druck Incorporated	校准烟道采样器中小孔流量计绝对压力

2.2.3.2　采样步骤

（1）采样前准备

1）清洁玻璃器皿。

2）吸附剂套组：吸附剂套组于实验室装填20~40g XAD-2$^\circledR$；装填约2/3处时，加入5μL EPA23-SS标准溶液后再装填，并用玻璃棉固定，以磨砂玻璃盖密封吸附管两端以避免污染，在14天内使用，使用前需10℃以下冷藏保存。

3）硅胶：于最后一支冲击瓶装入记录过重量的200~300g硅胶。

4）滤纸：面向光查核滤纸是否有不规则裂纹或有针孔。

5）采样孔位置：选用烧结机烟道上已有的采样孔。

（2）准备组装采样装置

1）当准备及组装采样装置时，将所有可能导致污染进入的玻璃组件开口处密封，直至开始组装或采样，吸附管以铝箔包装以防光防热。

2）分别取大约100mL试剂水装于第二及第三支冲击瓶，第一、第四支为空瓶，及预先称好的200~300g硅胶冲击瓶。

3）按照如图2-1所示组装采样装置，在冲击瓶四周放置冰块。当因采样平台太小而采样管无法直接连接至滤纸及冷凝管等采样装置时，使用样品传输管连接采样管至滤纸箱。

4）开始采样时，启动冷凝管循环泵，记录气体进入吸附管之温度。XAD-2$^\circledR$的吸附温度不可超过50℃，以便有效吸附PCDD/Fs。

（3）采样组装测漏步骤

采样前测漏：组装完成后开启并设定滤纸及采样管加热系统的温度。温度稳定后，测定采样组装渗漏情形。其方法是塞住吸气嘴，并设定真空度至少380mmHg（50.7kPa），渗漏率不得大于平均采样速率的4%或0.00057m^3/min，以二者较低者为准。

（4）操作采样装置

在采样时，维持等速采样速率（应和真实等速误差在 10% 以内）。并维持采样管、滤纸的温度在（120±14）℃。

2.2.3.3 样品收集步骤

（1）取下滤纸固定器，用干净的特氟龙或不锈钢镊子夹取滤纸，假如必须折叠滤纸，要将粉尘留在折叠处内，并放于一已标示好的滤纸储存 1 号容器中，另以毛刷及尖锐刀片收集附着于固定器的所有粉尘物质和滤纸纤维，容器 10℃以下运回实验室，切记不可使冷藏冰水进入容器内。

（2）从采样装置上拆除吸附剂套组，将两端以磨砂玻璃盖密闭并标示之，10℃以下运回实验室，切记不可使冷藏冰水进入吸附剂内。

（3）回收沉积于吸气嘴、采样管、样品传输管、滤纸固定器上物质。首先，以丙酮配合毛刷淋洗吸气嘴、滤纸固定器及连接管三次，再以二氯甲烷淋洗三次，收集淋洗液于 2 号容器。清洗采样管及样品传输管时，将管倾斜，并旋转及以丙酮润湿采样管内管管壁，再以毛刷旋转刷入管内，同时以丙酮自上部喷洗；重复此步骤二次以上或清洗液无粒状为止，再清洗刷毛使粒状物不残留。以丙酮淋洗滤纸固定器和冷凝管间的连接管三次，再以二氯甲烷淋洗三次连接管，若使用可分离的冷凝管和吸附管，用淋洗连接管的方式，淋洗冷凝管，收集所有淋洗溶液装于 2 号容器，并标示液面，容器 10℃以下运回实验室，切记不可使冷藏冰水进入容器内。

（4）重复上述二氯甲烷的淋洗方式，但使用甲苯淋洗，收集淋洗溶液于 3 号容器，并标示液面，容器 10℃以下运回实验室，切记不可使冷藏冰水进入容器内。

（5）利用量筒量取冲击瓶之冷凝水，测定至 1mL 或以称重方式称其重量至 0.5g，记录其体积或重量，此数据并同硅胶吸收之水分，用于计算管道排气之含水率，记录后丢弃。

（6）硅胶：注意硅胶的颜色是否改变，以检查其是否完全失效，并注记其状况。称冲击瓶重量以确定吸收增加之水分重量。不进行分析。

2.2.3.4 计算公式及结果处理

排气气体分子量计算：

$$M = \sum X_i M_i \tag{2-1}$$

式中　M——排气气体的分子量，kg/kmol；

　　X_i——某一成分气体的体积百分数，%；

　　M_i——某一成分气体的分子量，kg/kmol。

湿排气气体分子量的计算：

$$\rho_n = M_s = (X_{O_2}M_{O_2} + X_{CO}M_{CO} + X_{CO_2}M_{CO_2} + X_{N_2}M_{N_2})(1 - X_{sw}) + X_{sw}M_{H_2O} \tag{2-2}$$

式中　M_s——湿排气气体的分子量，kg/kmol。

排气密度计算：

$$\rho_s = \frac{M(B_a + P_s)}{8312(273 + t_s)} \tag{2-3}$$

式中　ρ_s——排气的密度，kg/m^3；

M——排气气体的分子量，kg/kmol；

B_a——大气压力，Pa；

P_s——排气的静压，Pa；

t_s——排气的温度，℃；

8312——$8312 = \dfrac{22.4 \times 101300}{273}$，J/K。

标准状态下湿排气的密度计算：

$$\rho_n = \frac{M_s}{22.4} = \frac{1}{22.4}\left[(M_{O_2}X_{O_2} + M_{CO}X_{CO} + M_{CO_2}X_{CO_2} + M_{N_2}X_{N_2})(1 - X_{sw}) + M_{H_2O}X_{sw}\right] \tag{2-4}$$

式中　　　　　　　　ρ_n——标准状态下湿排气的密度，kg/m^3；

M_s——湿排气气体的分子量，kg/kmol；

$M_{O_2}, M_{CO}, M_{CO_2}, M_{N_2}, M_{H_2O}$——分别为排气中氧、一氧化碳、二氧化碳、氮气和水的分子量，kg/kmol；

$X_{O_2}, X_{CO}, X_{CO_2}, X_{N_2}$——分别为干排气中氧、一氧化碳、二氧化碳、氮气的体积百分数，%；

X_{sw}——排气中水分含量的体积百分数，%。

测量状态下烟道内湿排气的密度计算：

$$\rho_s = \rho_n \frac{273}{273 + t_s} \times \frac{B_a + P_S}{101300} \tag{2-5}$$

式中　ρ_s——测量状态下烟道内湿排气的密度，kg/m^3；

P_S——排气的静压，Pa；

B_a——大气压力，Pa；

t_s——排气的温度，℃；

ρ_n——标准状态下湿排气的密度，kg/m^3。

排气流速计算：

$$V_s = K_p \sqrt{\frac{2P_d}{\rho_s}} = 128.9 K_p \sqrt{\frac{(273 + t_s)P_d}{M_s(B_a + P_s)}} \tag{2-6}$$

式中 V_s——湿排气的气体流速，m/s；

B_a——大气压力，Pa；

K_p——皮托管修正系数；

P_d——排气动压，Pa；

P_s——排气静压，Pa；

M_s——湿排气的分子量，kg/kmol；

ρ_s——湿排气的密度，kg/m³；

t_s——排气温度，℃。

平均流速计算：

$$\overline{V}_s = \frac{\sum_{i=1}^{n} V_{si}}{n} \tag{2-7}$$

式中 $\overline{V}_s$——平均流速，m/s；

V_{si}——断面各点测出的流速，m/s；

n——测点的数目。

2.2.3.5 质量管理

A 采样质量管理

校正：设备校正是维持数据质量最重要的方式之一，在每次采样前都必须按照设备校正流程以一级标准计量设备（由钢厂计量部门定期进行检定）进行流量、温度和压力的校正。

AST 采样主机校正频率与时机：

（1）定期校正：每6个月对主机内部的干式气体流量计及各压力、温度侦测单元进行校正。

（2）不定期校正：主机功能发生异常，检修后必须进行校正。

设备：

（1）标准温度计（热电偶）；

（2）注射针筒连接三通管；

（3）水柱压差计；

（4）标准大气压力计；

（5）标准流量计。

校正内容：

（1）热电偶（Thermocouple）。

（2）热电偶为 K 型，共有 8 个热电偶需要执行校正，4 个热电偶位于 SYS-TEM NODE BOX 上；2 个位于 FILTER NODE BOX 上；另外 2 个位于主机内。

（3）压力转换器（Pressure Transducers）。

B　采样空白

（1）现场空白：指采样组装于系统测漏完成后，不进行采样即如同样品回收步骤所收集的样品，其测值应低于 5 倍方法检测限，一般同一采样场所每一批次或每十件样品应有一现场空白。

（2）试剂空白：指各以样品瓶装三种 500mL 样品回收溶液的样品，一般每一采样计划准备一件试剂空白，当现场空白超过规定时进行分析。

C　采样装置收集效率核查

每次采样前，添加 5μL EPA23-SS 标准溶液于每次采样装置的吸附管中，回收率应在 70% ~ 130%，标准溶液回收率差的原因可能是因采样时已穿透。假如所有标准物质回收率均低于 70%，则必须重新采样分析。单一标准溶液回收率差时，不需要舍弃整组样品数据。

2.2.4　样品的净化与分离

2.2.4.1　样品提取

A　除尘灰样品提取前的消解

在处理烧结分厂的除尘灰样品时，主要参考美国环保署 EPA8290 方法。为检测包含在飞灰内的污染物，必须先将灰粒破裂。传统的方法是将盐酸与灰混合，经洗涤和干燥后用甲苯索氏萃取[83]。为提高消解效率，对方法中的盐酸消解处理进行了改进。先将已干燥的样品直接转移至索氏提取器的样品杯中，分别记录样品转移前后的质量，其差值即为被分析的样品的准确质量。加入 EPA1613 LCS 标准物质后静置片刻，然后取 500mL 烧杯，倒入适量的 1：1（盐酸：水）盐酸溶液（浓度大约为 6mol/L），溶液高度应与溶剂杯中样品高度接近为宜。将索提杯缓慢浸入盐酸溶液中，并利用磁力搅拌器使溶液处于旋流状态，维持 30min 后，关闭磁力搅拌器。将索提杯缓慢提升至液面上方，用经由有机溶剂正己烷清洗过的去离子水反复洗涤样品，至样品 pH 值为 7 左右。取下索提杯，在 50℃下避光烘干备用。采用上述方法可减少样品转移次数，并缩短消解时间。

B　烟气样品制备

将 2 号样品容器（见采样方法）中收集液转移至 500mL 烧瓶内，在低于 37℃下减压浓缩至 2 ~ 3mL。将 3 号样品容器（见采样方法）中收集液转移至上述 500mL 烧瓶内，在约 37℃下减压浓缩至 2 ~ 3mL。此残液中含有从采样管及采样嘴淋洗下的微粒，因此将此浓缩液加入索提样品杯内，并同滤纸和 XAD-2 一起进行索氏萃取。1 号（滤纸）容器（见采样方法）中玻璃纤维滤纸样品折叠置入索氏样品杯底部,利用上述盐酸消解方法进行消解,干燥后,原容器以甲苯淋洗三次并入索氏提取样品杯中。将 XAD-2 吸附管内之玻璃棉以镊子夹出置入索氏样品杯内,以最少量丙酮将吸附管内的 XAD-2 吸附剂倒洗入索氏样品杯内,待 XAD-2 全部被洗出后,再以甲苯淋洗吸附管并导入索氏样品杯。以甲苯置换索氏样品杯内的丙酮溶液,令其虹吸至索提溶剂杯内。溶剂杯中甲苯溶液另行在约 37℃ 下减压浓缩至 2~3mL 后,转移至索氏提取样品杯中。在索提样品杯中加入 5μL 定量标 EPA23-IS 后,准备索氏抽提。

C　索式萃取

选用瑞士 Büchi 公司 B-811 型大流量自动索氏抽提仪,配有瑞士 Büchi 公司 B-740 型循环水冷设备。运行时,设置水冷温度为 11℃。

进行样品的抽提前,需要进行溶剂空提取以除去索式抽提系统可能带来的交叉污染。具体步骤为:在索式抽提管中加入约 1cm 厚的活化硅胶,将提取管放入索式抽提器中,仪器选用淋洗模式,用 150mL 二氯甲烷淋洗至少 2h。将二氯甲烷溶液换成甲苯溶液,仪器选用抽提模式,空提 8h 以上。空提取完成后,取出索式抽提管,放于干净的烧杯中并在通风橱中过夜让溶剂挥发干净,同时弃去空提溶剂。

将装有样品的索式抽提管移入索式抽提器中,用 2mL 相应的提取溶剂清洗原加样烧杯两次并全部转入索式抽提管中。最后在样品杯中最上层加入约 1cm 厚的无水硫酸钠并轻轻晃动样品杯使其平整并完全覆盖住样品。取淋洗后溶剂杯中加入相应的提取溶剂,装上抽提装置,开始提取。

仪器设置为索氏萃取模式,加热水平根据提取溶剂设定。除尘灰样品和烟道气样品的提取溶剂为甲苯,提取时间 24h。

2.2.4.2　样品净化

A　大量样品溶液的浓缩

样品提取液或经过净化柱纯化的溶液采用旋转蒸发浓缩至 2~3mL 以便进行进一步的处理。旋转浓缩仪购自 Büchi 公司(Switzerland),型号:R-205 Advanced,配有真空控制系统 V-800/805(BUCHI,Switzerland)及水冷系统 B-740(BUCHI,Switzerland),可以控制水浴温度和真空度。运行时,控制水浴温度为 50℃,水冷温度为 11℃。旋转转速视浓缩速度而定,一般为 100r/min。对不同的有机溶剂真空度分别为:正己烷:375kPa;甲苯:75kPa;二氯甲烷无需抽真空。旋转浓缩时控制以上条件使溶剂均匀稳定蒸发,避免过快时溶液出现翻滚鼓泡现象。

B　酸洗净化

酸洗的主要目的是除去样品中的油脂和极性物质(包括甲苯溶剂)。首先取两个 40mL 带特氟隆垫片的高型透明样品瓶,分别装入 10mL 优级纯浓硫酸。然后在其中一个加入 10mL 左右正乙烷溶液，将索提后浓缩至 1~2mL 的样品转移至样品瓶中，剧烈振荡约 5~10s，进行第一次酸洗，静置分层，重复振荡两次，静置分层。转移上层有机溶液至另一浓硫酸样品瓶中，振荡约 5~10s，进行第二次酸洗，静置分层，重复振荡两次。酸洗次数以不超过 4 次为原则，但无论如何，最后一次酸洗之硫酸层应呈无色透明。

C 多步色谱纯化柱

所有纯化柱均采用半湿法制备。先加入一定量的正己烷溶液，用烧杯将称取好的填料通过漏斗均匀地加入柱中，加完后轻拍柱子至填料表层平整。一旦加上洗脱液后，则不要再拍动柱子。装好的纯化柱用一定量的正己烷预淋洗进行稳定，并可以去除部分可能的污染杂质。预淋洗时流速控制在约 2 滴/s。如果填料发生断层，则不可再用。整个纯化过程中溶剂不能流干，填料上层始终至少有 1mm 的溶液。否则不可再用。将浓缩的样品溶液上柱后，用约 1mL 正己烷清洗烧瓶并依次上样。要等上一组分液面约 1mm 时再上样。上样完后开始洗脱。

复合硅胶纯化柱：复合硅胶柱由酸性硅胶、碱性硅胶、中性硅胶及硝酸银硅胶构成。碱性硅胶用于去除一些酸性干扰物。酸性硅胶可吸附包括多环芳烃（PAHs）在内的许多干扰化合物[84]。由于多环芳烃在氧化铝层析洗脱环境下也容易随二噁英类一同被洗脱下来，所以在氧化铝柱分离提取前用多级硅胶柱处理是至关重要的。此外，酸性硅胶还可以通过脱水、氧化及酸催化缩合反应去除大量干扰物，二噁英类物质由于其耐酸碱性的高度稳定性而不易受到破坏。中性硅胶可以去除一般的有机大分子干扰物。硝酸银硅胶段的目的在于去除一些含硫化合物。

复合硅胶纯化柱柱型为 30cm × 15mm ID，底部有 200 目（相当于 0.074mm）玻璃砂芯和四氟磨口阀，上端制有标准磨口及溶剂小球。填料自下至上依次为：1g 活化硅胶、3g 硝酸银硅胶、5g 碱性硅胶、1g 活化硅胶、10g 酸性硅胶，上层装 2cm 的无水硫酸钠。用 100mL 正己烷预淋洗。洗脱条件为 100mL 正己烷，收集全部洗脱液。

氧化铝纯化柱：选用直径为 1.5cm 的层析柱，加入部分二氯甲烷溶液，然后填充 15g 氧化铝，上层再覆盖 2cm 无水硫酸钠，打开层析柱阀门，当二氯甲烷下降到无水硫酸钠下 1mm 处，加入少量正己烷，重复 3 次。用 100mL 正己烷预淋洗。当淋洗液液面下降至硫酸钠表面 1mm 后，加入净化后的试样，用正己烷洗涤试样容器，洗涤液当正己烷液面下降至硫酸钠表面上 1mm 左右，加入 100mL 洗脱溶液（二氯甲烷：正己烷溶液（体积比 2：98））洗脱，弃去洗脱液。然后再加入 50mL 洗脱溶液（二氯甲烷：正己烷溶液（体积比 50：50））洗脱，收集洗脱液。

2.2.5 仪器的色谱和质谱条件

AutoSpec Ultima 型高分辨质谱仪为 Waters Micromass 产品（Manchester, UK），气相色谱仪为 Agilent 6890N（Wilmington，USA），配备 CTC PAL 自动进样器（Zwingen，Switzerland）。二噁英类电离方式为电子轰击（EI⁺），测定的质谱调谐参数均为：分辨率不低于 10000；源温 250℃；电子能量 35eV；吸极（trap）电流 600mA；光电倍增器电压 350V；参比为高沸点 PFK，参比进样口温度 140℃。采集方式为电压选择离子检测模式（VSIR）。

分析用石英毛细管色谱柱选用 60m 长 DB5 色谱柱（60m × 0.25mm × 0.25μm），不分流进样，进样体积为 1μL，进样口温度为 280℃，程序升温条件为：初始温度 140℃，保持 4min，以 8℃/min 的速率升至 220℃，以 1.4℃/min 的速率升至 260℃，以 4℃/min 的速率升至 310℃，保持 5min。载气为高纯氦气，流速设定为 1.0mL/min。分析后数据利用软件 Mass Lynx Version 4.0（Micromass，Manchester，UK）进行处理和计算。

2.2.6 分析结果的定性

用高分辨气相色谱/质谱（分辨率不低于 10000）分析经过净化浓缩后的样品，每个被分析物监测 2 个质量碎片（质荷比 m/z）。PCDD/Fs 每个同类物的确认是利用 GC 保留时间和同位素离子丰度进行确定。

2.2.7 分析结果的定量

定量用标准曲线由五点标准曲线系列标准溶液分析产生，标准曲线类型为相对响应因子法（RRF）。标准曲线具体的浓度和规格在 EPA1613B 和 EPA23 中已经有详细规定。

二噁英类定量内容为 17 种有 2，3，7，8 位氯取代的毒性同类物。另外对四氯代至七氯代每个氯代水平进行单独二噁英类组分的总含量定量，并计算总的四氯代至八氯代二噁英类浓度。总浓度定量时，内标选用相应氯代水平添加内标的总和进行。

为了对二噁英类的毒性进行量化，国际上的学者依据二噁英类同类物的不同而制定出不同的毒性当量因子（Toxic Equivalent Factor，TEF）[85]。目前，常用的有两套 TEF 值：I-TEF 和 WHO-TEF（表 2-3）。

I-TEF 是由北约现代科学委员会（NATO/CCMS）规定的国际毒性当量因子（International toxic equivalent factors，I-TEFs）。WHO-TEQ 是由世界卫生组织（WHO）考虑到 2，3，7，8-氯取代二噁英类对不同生物的毒性存在差异，提出的毒性当量因子。WHO-TEQ 目前最常用的有两套 TEF 值，即为 1998 年 WHO 进

表2-3 二噁英类毒性当量因子（TEF）

名 称	I-TEF（1988）	WHO-TEF（1998）	WHO-TEF（2005）
PCDDs			
2378-TCDD	1	1	1
12378-PeCDD	0.5	1	1
123478-HxCDD	0.1	0.1	0.1
123678-HxCDD	0.1	0.1	0.1
123789-HxCDD	0.1	0.1	0.1
1234678-HpCDD	0.01	0.01	0.01
OCDD	0.001	0.0001	0.0003
PCDFs			
2378-TCDF	0.1	0.1	0.1
12378-PeCDF	0.05	0.05	0.03
23478-PeCDF	0.5	0.5	0.3
123478-HxCDF	0.1	0.1	0.1
123678-HxCDF	0.1	0.1	0.1
123789-HxCDF	0.1	0.1	0.1
234678-HxCDF	0.1	0.1	0.1
1234678-HpCDF	0.01	0.01	0.01
1234789-HpCDF	0.01	0.01	0.01
OCDF	0.001	0.0001	0.0003

行更新后的 TEF，以及 2005 年 WHO 重新修订的 TEF。通过分析所得的二噁英类的浓度值，乘上各自的 TEF 并且相加即可获得样品的毒性当量值（Toxic Equivalent Quantity，TEQ），本书所有数据依据国际毒性当量因子（I-TEF）计算，最后根据毒性当量因子计算出二噁英类总的 I-TEQ。计算公式如下：

$$I\text{-}TEQ = \sum (二噁英类浓度 \times I\text{-}TEF) \tag{2-8}$$

2.2.8 质量控制

二噁英类物质分析不同于常规项目分析，含量低，浓度范围差异大，操作复杂，分析周期较长，测定如此痕量或超痕量物质必须使采样装置不受沾污，对溶剂及各种试剂的纯度，测定仪器的校正等要求十分严格。进行二噁英类分析的实验室必须具备合乎要求的样品分析能力、标样和空白操作以及数据评价和质量控制能力，所有分析结果应符合其方法所规定的质量保证参数。

2.2.8.1 标准溶液的管理

标准溶液是定量准确的基础，必须严格管理。新购置的标准溶液一般装在安瓿瓶中，不用担心溶剂挥发带来的误差。打开后分装在带有四氟密封垫的琥珀色玻璃瓶中并在万分位天平上准确称量。每次取样前后均要精确称量登记，确认不受溶剂挥发的影响。否则（超过5%的损失）要更换新的标准。

2.2.8.2 标准曲线的制作

标准曲线由二噁英类各自的五点标准曲线溶液分析结果以相对响应因子法计算得来。五点获得的 RRF 相对标准偏差（RSD）应不大于20%，否则重新设置机器并分析直至满足要求。以 2，3，7，8-TCDD 为例，利用 EPA1613 的标准溶液获得的五点标准曲线 RSD 为 4.8%。利用 EPA23 的标准溶液获得的五点标准曲线 RSD 为 12.7%。

2.2.8.3 每日检验标准

每日检验标准中除了包括标准曲线 CS3 相同的组分和浓度外，还有 DB5 用窗口定义和 2，3，7，8-TCDD 柱效检测标准，用于每次分析前仪器性能的检验。每日检验标准的分析结果必须满足表2-4 中的规定。

表2-4 每日检验确认标准、样品添加同位素内标回收率允许的浮动范围

目标化合物	标定浓度/ng·mL⁻¹	确认标准的范围/ng·mL⁻¹	添加同位素标准的回收率范围/%
2378-TCDF	10	8.4~12.0	
12378-PeCDF	50	41~60	
23478-PeCDF	50	41~61	
123478-HxCDF	50	45~56	
123678-HxCDF	50	44~57	
234678-HxCDF	50	44~57	
123789-HxCDF	50	45~56	
1234678-HpCDF	50	45~56	
1234789-HpCDF	50	43~58	
OCDF	100	63~159	
2378-TCDD	10	7.8~12.9	
12378-PeCDD	50	39~65	
123478-HxCDD	50	39~64	
123678-HxCDD	50	39~64	
123789-HxCDD	50	41~61	
1234678-HpCDD	50	43~58	

目标化合物	标定浓度/ng·mL^{-1}	确认标准的范围/ng·mL^{-1}	添加同位素标准的回收率范围/%
OCDD	100	79~126	
$^{13}C_{12}$-2378-TCDF	100	71~140	24~169
$^{13}C_{12}$-12378-PeCDF	100	76~130	24~185
$^{13}C_{12}$-23478-PeCDF	100	77~130	21~178
$^{13}C_{12}$-123478-HxCDF	100	76~131	26~152
$^{13}C_{12}$-123678-HxCDF	100	70~143	26~123
$^{13}C_{12}$-234678-HxCDF	100	73~137	28~136
$^{13}C_{12}$-123789-HxCDF	100	74~135	29~147
$^{13}C_{12}$-1234678-HpCDF	100	78~129	28~143
$^{13}C_{12}$-1234789-HpCDF	100	77~129	26~138
$^{13}C_{12}$-2378-TCDD	100	82~121	25~164
$^{13}C_{12}$-12378-PeCDD	100	62~160	25~181
$^{13}C_{12}$-123478-HxCDD	100	85~117	32~141
$^{13}C_{12}$-123678-HxCDD	100	85~118	28~130
$^{13}C_{12}$-1234678-HpCDD	100	72~138	23~140
$^{13}C_{12}$-OCDD	200	96~415	17~157

2.2.8.4 空白

所有用于分析的材料或器具都可能受到污染而给分析结果带来影响，本书按照三种空白的标准来做质量控制及保证，除在采样方法中提到的现场空白和试剂空白外，本书还通过方法空白来做质量控制和保证。所以，在进行样品的处理之前，必须评价分析方法的空白值，以确保所有的玻璃器具和试剂在方法的检测限内没有干扰。每当提供一批样品或试剂有了变化时，都须作方法空白值的评价，确保实验过程不受污染。同时在每组样品的分析过程中都有空白实验来验证实验的可靠性。

2.2.8.5 样品检测限

检测限包括最低检测限（LOD）和定量检测限（LOQ），分别以 3 倍和 8 倍信噪比来定义。对于低于检测限（LOD）的结果，一般可以采用 0（一般以 ND 表示）、（1/2）LOD 和 LOD 来计。

2.2.8.6 回收率

二噁英类分析经过的处理复杂，步骤繁多，获得足够的回收率是准确定性定量的前提。^{13}C 同位素添加标准的回收率的结果必须满足表 2-3 中的规定。否则要重新分析。

2.2.8.7   检出限

应对仪器检出限、方法检出限和样品检出限进行检验。

仪器检出限：经常对仪器进行检查和调谐，确认仪器检出限低于规定值（0.05pg TCDD）。当改变测量条件时，要检验和确认仪器检出限。

方法检出限：通过对加标空白的重复测定，求出方法检出限。应定期确认方法检出限，特别是当样品制备或测试条件改变时，必须检验和确认方法检出限。不同的实验条件或操作人员可能得到不同的方法检出限。

样品检出限：用方法检出限推算样品检出限，确保样品检出限低于评价对象标准限值的 1/30。对每一个样品都要计算样品检出限。

检出限包括最低检出限（LOD）和定量检出限（LOQ），分别以 3 倍和 8 倍信噪比来定义。对于低于检出限的数据，本书以 LOD 来表示低于 LOD 的结果。

2.3   结果与讨论

参加国际国内之间的实验室间结果比对实验，是检验和保证整个实验方法和条件效果以及结果可靠性的最佳手段。本书中的研究利用与波兰教授 Grochowalski 教授的合作机会，分析了他所提供的参与国际比对实验的二噁英类飞灰样品，实验结果如表 2-5 所示。由分析结果可以看出，本书所示的分析结果都接近与各实验室分析结果的中值，证明本书采用的分析方法的效果是满足国际通行标准的。

表 2-5   国际比对实验土壤 1 的分析结果   （ng/g）

化合物名称	最小值	最大值	均值	标准偏差	中值	本书研究结果
2378-TCDF	0.002	0.36	0.100	0.053	0.092	0.086
12378-PeCDF	0.025	0.627	0.219	0.088	0.219	0.150
23478-PeCDF	0.051	0.917	0.303	0.128	0.296	0.283
123478-HxCDF	0.023	2.55	0.439	0.314	0.398	0.436
123678-HxCDF	0.025	1.877	0.442	0.225	0.444	0.348
234678-HxCDF	0.004	2.619	0.525	0.367	0.561	0.410
123789-HxCDF	0.008	0.789	0.127	0.189	0.039	0.121
1234678-HpCDF	0.086	6.784	2.262	1.043	2.347	1.903
1234789-HpCDF	0.009	1.781	0.240	0.197	0.231	0.224
OCDF	0.039	4.983	1.231	0.696	1.232	1.329
2378-TCDD	0.001	0.065	0.013	0.009	0.013	0.007
12378-PeCDD	0.004	0.257	0.051	0.028	0.049	0.023

化合物名称	最小值	最大值	均值	标准偏差	中值	本书研究结果
123478-HxCDD	0.004	0.345	0.056	0.044	0.05	0.029
123678-HxCDD	0.005	0.331	0.099	0.05	0.094	0.047
123789-HxCDD	0.005	0.336	0.077	0.05	0.07	0.030
1234678-HpCDD	0.022	3.697	0.855	0.483	0.841	0.522
OCDD	0.078	7	2.741	1.296	2.792	1.844

2.4　本章小结

本章介绍了一套包括钢铁行业烧结废气采样、烧结除尘灰采集，以及除尘灰和烟气样品的预处理、提取、纯化和测定的二噁英类化合物分析方法，具有较高的灵敏度和较低的检出限，能准确测定二噁英类的含量，为科学评估环境污染状况和研究污染物的来源归宿提供可靠的实验技术保障。

主要内容包括：

（1）废气采样严格遵循等速采样要求，采用压力平衡法以确保达到等速采样要求，已初步建立了烧结废气采样方法。

（2）烧结除尘灰样品以及烟道气样品利用改进的盐酸消解法进行预处理，纯化采用的多步色谱纯化步骤包括酸碱硅胶、碱性氧化铝柱等。样品回收率能够满足国际标准分析方法中对回收率的要求，初步建立了烧结除尘灰的分析方法。

（3）通过对参加过国际实验比对分析的样品进行分析，验证了该方法能够满足目前国际上通行的二噁英类化合物分析的要求。

3 铁矿石烧结过程中 PCDD/Fs 的 污染水平及分布特征

3.1 概述

自 2006 年起,环保部组织开展了"全国持久性有机污染物调查",对全国 17 个潜在二噁英类污染源行业开展了深入调研,了解了相关企业生产与环保现状,评估了二噁英类排放强度。调查企业有万余家,涉及钢铁冶炼、再生有色金属生产和废弃物焚烧等多个领域。调查显示,我国 17 个工业行业年排放二噁英类达 6.6kg TEQ。调查结果显示,17 个工业行业二噁英类的排放强度差异很大,其中铁矿石烧结、电弧炉炼钢、再生有色金属生产和废弃物焚烧过程二噁英类排放量相对较大,这 4 类源二噁英类年排放量为 5.76kg TEQ,占 17 个工业行业总排放量的 81.4%。

20 世纪 90 年代末,日本和欧洲都相继开展了对烧结过程中二噁英类排放的全面研究。1997 年日本钢厂工程师和大学的研究人员组成联合研究小组,共同开展了旨在明确烧结过程中二噁英类的排放行为以及相关影响因素的研究[1]。对烧结过程中二噁英类的生成区域进行了探讨,指出二噁英类生成的主要区域为烧结机料床中以及高温段的风箱内。与此同时,欧洲也就减少燃烧过程的二噁英类排放制订了专门的研究计划,其中包括对铁矿石烧结过程二噁英类排放的基础研究[33,86]。英国 Corus 钢铁集团公司也针对烧结过程中二噁英类的排放开展了一系列工作,指出二噁英类的主要生成区域在烧结机料床内,并对 Sakai 等人提出的高温风箱内也是二噁英类生成的主要区域提出了质疑。原因是当他们向风箱支管内喷入氨后,没有发现二噁英类排放的明显降低。因此,对于烧结过程中二噁英类的生成还存在很多疑问,尤其是烧结机各风箱支管中二噁英类在气/粒两相中的分配行为还没有相关报道。

本章选取我国钢铁企业的典型烧结机,调查烧结机各风箱支管内的二噁英类排放分布规律,探讨烧结机生产过程中的二噁英类污染物的生成机制,以及风箱支管内二噁英类在气/粒两相中的分配行为,为铁矿石烧结过程的二噁英类排放控制提供数据支持。

3.2 实验部分

3.2.1 烧结烟气的采集

本书的研究以一台中型烧结机（烧结机面积 $132m^2$，以下简称 1DL）和一台大型烧结机（烧结机面积 $430m^2$，以下简称 2DL）为考察目标，分别在两台烧结机一侧的风箱中开设采样孔并实施采样。采样孔设计图如图 3-1 所示。图 3-2 所示为 2DL 烧结机采样点的位置，2DL 单侧共有 23 个风箱支管，考虑到烧结机前半部烟气温度都比较低，在烧结机前半段采取间隔采样的方式。因此 2DL 在 1、3、5、7、9、11、12、13、14、15、16、17、18、19、20、21、22、23 号风箱支管上开设采样孔，采样点共计 18 个。风箱支管编号如图 3-2 所示。1DL 采样点与之类似，由于 1DL 风箱支管个数仅为 16 个，采样点也随之减少，设置采样点的风箱支管编号为 1、3、5、7、9、10、11、12、13、14、15、16 号。由于风箱支管与烧结机台车长度一一对应，因此，通过检测烧结机风箱烟气中的二噁英类浓度，可以直观地获得烧结过程中二噁英类的排放情况。

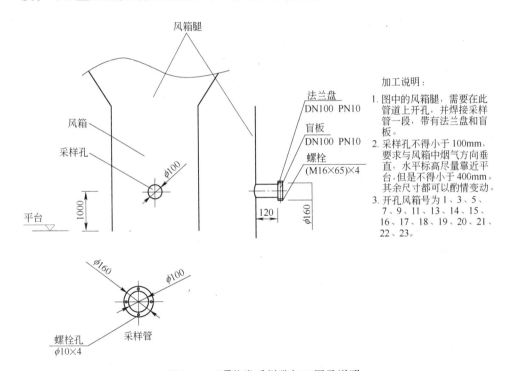

加工说明：

1. 图中的风箱腿，需要在此管道上开孔，并焊接采样管一段，带有法兰盘和盲板。
2. 采样孔不得小于100mm，要求与风箱中烟气方向垂直，水平标高尽量靠近平台，但是不得小于400mm。其余尺寸都可以酌情变动。
3. 开孔风箱号为 1、3、5、7、9、11、13、14、15、16、17、18、19、20、21、22、23。

图 3-1　二噁英类采样孔加工图及说明

由于二噁英类采样设备复杂，操作烦琐，采样时间长，因此，想同时在所有的采样点同时开始采样是不现实的。烧结生产中，烧结生产工艺参数主要根据烧

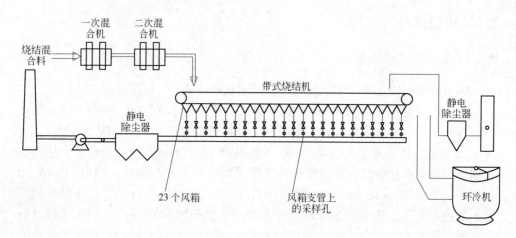

图 3-2 烧结机风箱支管的采样点位置

结混合料的配比进行调整。一次配好的烧结混合料一般可供烧结机生产 5 ~ 7d。在此条件下，当设备正常时，烧结机能够维持基本一致的生产工况。因此，采样工作选取在烧结机混合料不变的工况下进行。

两台烧结机设备的基本参数如表 3-1 所示。

表 3-1 烧结设备基本参数

项 目 名 称	单 位	1DL	2DL
烧结面积	m^2	132	430
(烧结)长×宽	m	有效长度 44×3	有效长度 86×5
烧结机产量	t/a	120×10⁴	500×10⁴
烧结废气排放量	m^3/h	74×10⁴	252×10⁴

二噁英类气体样品的采集方法见第 2 章第 2 节。

3.2.2 实验材料与分析方法

有关二噁英类样品的实验材料与分析方法见第 2 章第 2 节。

其余烟气成分（SO_2、NO_x、O_2、CO、CO_2）的分析利用 VARIO PLUS 增强型烟气分析仪（德国 MRU 公司，德国）直接采集并进行数据分析。烧结风箱支管烟气中的 CO 浓度很高，因此选择采用红外原理的红外组件测量 CO 和 CO_2 浓度。其余烟气成分 O_2、NO、NO_2 和 SO_2 利用电化学传感器直接测量，并由仪器自带软件折算出 NO_x 浓度以及含氧量折算值。由于烧结工艺与普通燃煤锅炉工艺不同，因此本章中烧结烟气中各污染物浓度均采用实际值，不进行含氧量的折算。

3.3 结果与讨论

3.3.1 不同规模烧结机二噁英类的排放规律

针对烧结过程中二噁英类排放的报道并不多。Kasai 等人[1] 在对日本两家烧结厂进行综合测试后发现，PCDD/Fs 的浓度曲线在烧结机靠近末端的风箱有一个峰值，与风箱出口烟气温度曲线类似。与此类似，英国 Corus[7] 通过对烧结机风箱中的二噁英类分布情况的研究也发现，PCDD/Fs 的产生量从点火位置起沿着烧结料床从前至后逐渐增加，在烧结机后段达到最高值，与烧结烟气温度的变化趋势一致。因此，他们认为 PCDD/Fs 及其前生体在烧结料层的上部生成后，向料层的下部移动，在料床较冷的区域冷凝。当燃烧区烧透料层时，这些化合物会进一步反应，并再次被气化带入到烟气中。谭鹏夫等通过建立铁矿石烧结料层 CFD 模型，并结合 PCDD/Fs 的热力学条件，对烧结过程中 PCDD/Fs 的形成过程进行模拟，认为二噁英类在烧结机下面最初几个风箱内浓度应该很低，之后随着废气温度的上升会逐渐增加，最后在烧结料层长度 80% ~90% 的部位达到最大值。

由于我国针对铁矿石烧结过程中二噁英类的排放研究才刚刚起步，缺乏详细基础数据；并且我国烧结机的生产规模多种多样，除小于 100m² 的小型烧结机外，还存在大量中型、大型烧结机，小型烧结机的产量低、能耗高、污染大，已经面临被淘汰的命运，因此有必要对中型烧结机和大型烧结机分别进行调查分析，以获取最基础的数据信息。本书以一台 132m² 的烧结机代表中型烧结机，430m² 的烧结机代表大型烧结机，分别对上述两种规模的烧结机生产过程中二噁英类的排放进行监测。

为便于比较，将两台烧结机数据进行了归一化处理，分别用烧结机台车的相对长度代表 PCDD/Fs 取样位置，以 PCDD/Fs 浓度的相对值代表烧结过程中 PCDD/Fs 的变化。图 3-3 所示为两台烧结机烧结过程中，各风箱支管烟气中 PCDD/Fs 浓度变化的情况。

从图 3-3 中可以看出，1DL 烧结机风箱中 PCDD/Fs 的浓度要明显高于 2DL。从烧结生产的规模来讲，大型烧结机的生产成本、能源消耗一般都较小型烧结机小。大型烧结机对于燃料的利用要明显优于小型烧结机。而图 3-3 的结果也意味着大型烧结机在减少 PCDD/Fs 排放方面，具有显著优势。并且由于大型烧结机劳动生产率高、烧结矿质量好、生产管理方便，更加易于环保治理和实现自动控制。从 PCDD/Fs 的浓度变化波动情况来看，2DL 烧结机也明显优于 1DL 烧结机。1DL 的 PCDD/Fs 在达到最高点前，在烧结机 80% 长度左右时，出现了明显的回落，参考国外的研究文献[1,7]，以及 1DL 的 PCDD/Fs 排放规律，该值并不能简单解释为 PCDD/Fs 浓度的降低，很可能由于在采样过程中，烧结机料床出现了大的穿透现象，导致烧结过程出现较大的漏风，烟气被大量空气稀释而导致 PCDD/

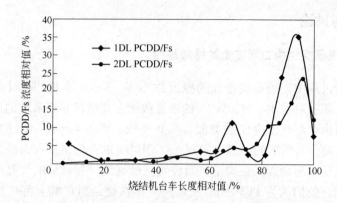

图 3-3   烧结机风箱中 PCDD/Fs 浓度的变化规律

Fs 浓度的降低。说明烧结工况与 PCDD/Fs 的排放密切相关。

但是，从 PCDD/Fs 变化的总体趋势来看，两个不同生产规模的烧结机风箱中所测的数据均表现出类似的变化规律，与国外的研究成果一致[1,7]。PCDD/Fs 的浓度从点火位置即所谓的烧结机机头开始，近 70% 长度上 PCDD/Fs 的浓度都处于较低的水平，从烧结中部以后开始逐渐上升，上升幅度不断增加，在接近烧结机尾段时，急剧上升，迅速达到最高值，并在烧结机最后的风箱中，又出现明显的下降趋势。对 2DL 烧结机风箱中 PCDD/Fs 浓度变化规律进行趋势模拟后，发现数据变化规律符合指数变化趋势，公式如图 3-4 所示，相关系数 $R = 0.8957$。该规律可推广应用于其他各类烧结机风箱中 PCDD/Fs 分布的预测。

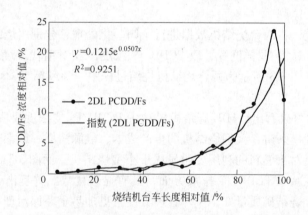

图 3-4   烧结机风箱中 PCDD/Fs 浓度变化规律的数学模拟

出现如此相似的排放规律与烧结过程是分不开的，如图 3-5 所示，烧结的过程主要是经高温点火后，烧结料中燃料燃烧放出大量热量，使料层中矿物产生熔融，随着燃烧层下移和冷空气的通过，生成的熔融液相被冷却而再结晶（1000 ~

1100℃）凝固成网孔结构的烧结矿。带式烧结机抽风烧结过程是自上而下进行的，沿其料层高度温度变化的情况一般可分为5层，各层中的反应变化情况如图3-4所示。点火开始以后，依次出现烧结矿层、燃烧层、预热层、干燥层和过湿层。然后后四层又相继消失，最终只剩烧结矿层。

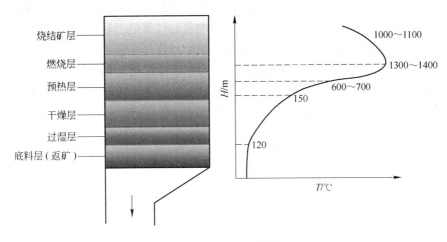

图 3-5　烧结料层结构

从烧结机风箱中二噁英类的排放特征来看，烧结机自机头点火以后，就开始有二噁英类物质生成，这部分二噁英类虽然在随气流向下运动的过程中，大部分被未燃烧的烧结料层吸附，但仍然有少量二噁英类物质随着气流排入排风烟道中。随着烧结料床的移动，燃烧带逐渐下移，由于燃烧带的温度高达 1350 ~ 1400℃，因此吸附在烧结料床的二噁英类物质被高温分解。但是在预热层的低温段（200 ~ 400℃）又会重新生成，其中大部分仍然会吸附在烧结料层中，剩余部分则会随气流排放到主烟道中去。当接近燃烧终了时，即当预热层基本接近烧结床底部时，新生成的二噁英类还未被吸附就随着气流排出来。因此，风箱中二噁英类的分布表现为，烧结床的前 3/4 处都有一定量的二噁英类排放，并且排放水平基本保持稳定，说明二噁英类的生成和吸附在这段距离内处于平衡状态，即生成量和吸附量没有发生大变化。当温度升高至 250℃ 时，即烧结的预热层已经到达烧结床底部，此时对二噁英类可起到吸附作用的干燥层、过湿层等已经完全消失，二噁英类的排放也达到了极大值，说明此时二噁英类的生成量接近最大值。随着预热层的逐渐减少，二噁英类的生成量也逐渐减少，烟气中的二噁英类含量出现明显的下降趋势。因此二噁英类主要在烧结机末端排放出来，占总排放量的 60% 以上，而这部分的烟气仅为总烟气排放量的 12%。因此，在选择二噁英类减排技术时，可充分考虑到这个特征。

3.3.2 风箱烟气温度与 PCDD/Fs 排放浓度之间的关系

温度是监控烧结过程的重要参数，图 3-6 所示为两台烧结机风箱烟气温度的变化情况。图中横坐标为风箱支管编号，从机头至机尾依次排序，曲线为温度曲线，柱状图为风箱支管烟气中的 PCDD/Fs 浓度的相对变化。可以看出，两者的变化规律非常吻合，从机头开始，至烧结机中部温度都处于较为平稳的阶段，在 50~90℃之间。之后开始逐渐上升，呈直线上升趋势，在靠近烧结末端时达到最高值，此时即为烧结工艺上所称的烧透点。意味着烧结过程的终止。之后即进入冷却阶段，烟气温度明显下降。可以看出，1DL 的烧透点控制在 15 号风箱，2DL 的烧透点控制在 21 号风箱。

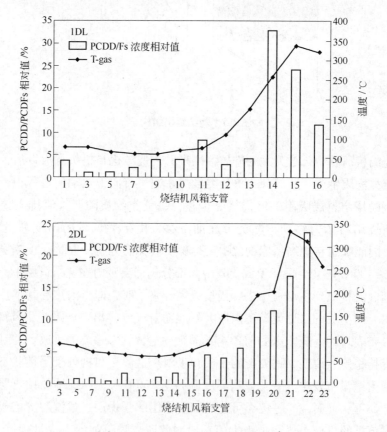

图 3-6   烧结机风箱支管中烟气温度的变化

上述温度变化趋势与风箱烟气中 PCDD/Fs 的浓度变化趋势非常吻合。为减少烧结烟气中 PCDD/Fs 的排放，可以利用热风循环工艺，将该部分热废气返回烧结，不仅可以利用废气中的显热，废气中的 PCDD/Fs 在经过烧结过程中的燃烧带时，会被完全分解，可降低烟气中二噁英类浓度。同时热风循环工艺还可以降低烧结烟气的排放量，减少末端尾气净化的成本。因此，热风循环工艺具有节能和减排的双重效果，应用前景非常广阔。

3.3.3 烧结过程中气相 PCDD/Fs 和颗粒相 PCDD/Fs 的分布特征

17 种 PCDD/Fs 化合物的蒸气压在 25℃时，大致的分布是 $5 \times 10^{-10} \sim 2 \times 10^{-7}$ Pa[64]，并随着氯原子数目的增加而增加。烧结机风箱中烟气的温度一般在 90 ~ 400℃之间，因此，二噁英类可能以气态和固态这两种形态存在于烟气中，常见的烧结烟气除尘技术，如旋风除尘、布袋除尘、静电除尘等技术对去除固态二噁英类比较有效，但无法获得较高的气态二噁英类的去除效果。往往还需要增加活性炭等吸附剂来捕集或者催化分解气态二噁英类。然而，活性炭的吸附能力往往受到蒸气压以及其自身对不同氯取代数目二噁英类吸附能力的影响，并且活性炭对气态和固态二噁英类的去除效率有很大的不同[87]。因此本书尝试以 1DL 烧结机为例，对烧结过程中二噁英类在气/粒两相中的分配规律进行研究，为烧结烟气中二噁英类的控制技术提供技术支持。

3.3.3.1 烧结机风箱烟气中气态 PCDD/Fs 同类物的分配规律

二噁英类样品的采集主要依据美国 EPA23 方法，大部分颗粒相二噁英类被样品采集设备的滤纸所收集，气相二噁英类则被 XAD2 树脂吸附。样品收集过程中，除 XAD2 树脂外，采样嘴、采样枪、滤纸套筒等淋洗液一并并入滤纸部分进行分析，此为颗粒相二噁英类样品。树脂 XAD2 则单独进行分析，为气相二噁英类样品。分析过程和方法见第 2 章第 2 节所述。

图 3-7 所示为不同风箱烟气中气态二噁英类同类物的分布。纵坐标为各同类物占二噁英类排放总量的百分比。从总的分布上来看，各风箱的 17 种 2，3，7，8-PCDD/PCDF，OCDD、1，2，3，4，6，7，8-HpCDF 和 2，3，7，8-TCDF 的贡献最高，占 17 种 2，3，7，8-PCDD/Fs 的 30% 左右。

不同风箱中 PCDDs 和 PCDFs 的分配比例见表3-2。可以看出，在 17 种 2，3，7，8-PCDD/PCDF 中，以 PCDFs 为主，占 54% ~ 92%，PCDDs/PCDFs 的比例范围在 0.08 ~ 0.83 之间，比例小于 1。因此，二噁英类主要是通过 *de novo* 合成反应途径生成[88,89]。

表 3-2　不同风箱中气态 PCDDs 和 PCDFs 的分布

风　箱　号	$\Sigma PCDDs / \Sigma PCDFs$	$\Sigma PCDFs / (\Sigma PCDDs + \Sigma PCDFs)$
1 号	0.84	54%
3 号	0.70	59%
5 号	0.39	72%

风　箱　号	∑PCDDs/∑PCDFs	∑PCDFs/（∑PCDDs + ∑PCDFs）
7 号	0.26	79%
9 号	0.13	88%
10 号	0.15	87%
11 号	0.08	92%
12 号	0.08	92%
13 号	0.14	87%
14 号	0.39	72%
15 号	0.33	75%
16 号	0.18	85%

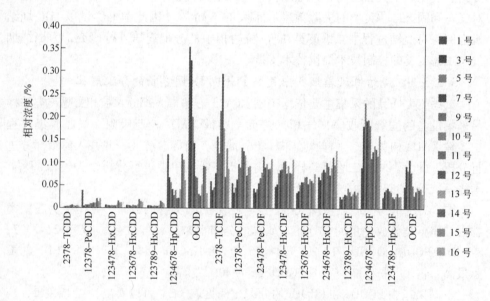

图 3-7　不同风箱烟气中 17 个气态 PCDD/Fs 同类物的分布

　　然而从 PCDDs/PCDFs 比值变化的范围看，12 个风箱中 PCDD/Fs 的分布存在很大的变化。以 7 号风箱和 15 号风箱为例，两者的分布存在很大的区别，如图 3-8 所示。之所以选择 7 号和 15 号作为对比，主要是根据风箱烟气的温度变化。7 号处于低温段的中间段，烟气温度为 57℃，具有一定的代表性。15 号处于烟气温度最高处，可代表高温时烟气中二噁英类的分布变化，烟气温度为 387℃。

　　从图 3-8 可以看出，7 号风箱和 15 号风箱中 PCDD/Fs 的分布变化很大。7 号风箱中，高氯代 PCDD/Fs 的贡献值最大，占据前三位的分别为 1，2，3，4，6，7，8-HpCDD、OCDD 和 OCDF。而 15 号风箱中的 OCDF 所占的比例明显降低，

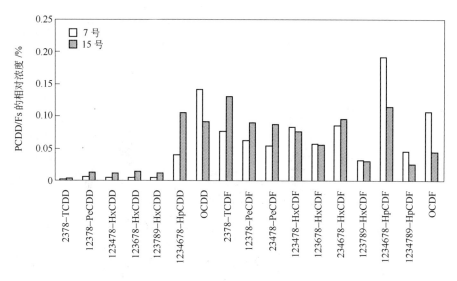

图3-8 7号风箱和15号风箱烟气中气相 PCDD/Fs 的分布

反而 1，2，3，4，6，7，8-HpCDD 比例增加。之所以会出现这种变化，很可能与二噁英类在烧结过程中的生成机制有关。7号风箱温度仅为57℃，烟气中的二噁英类主要来自烧结过程，在预热带和干燥带经由从头合成途径生成的二噁英类[63]经过过湿带而被冷凝吸附，但仍有一部分随烟气进入风箱支管。而15号风箱烟气温度达到387℃，烟气中存在大量含碳颗粒、烧结过程将产生 HCl 气体和铜、铁等金属氧化物，因此可以发生二噁英类的再次合成。且15号风箱已接近烧结过程的烧透点，烧结料床层中的过湿带已经逐渐消失，大量吸附在过湿带的二噁英类被热脱附，进入烟气中。在两者综合作用的条件下，从而导致15号风箱中二噁英类的指纹图谱与7号风箱存在很大的区别，同时也说明高温段风箱也是二噁英类再次合成的区域。

3.3.3.2 烧结机风箱烟气中颗粒相 PCDD/Fs 同类物的分配规律

图3-9 所示为各风箱烟气中中颗粒相二噁英类同类物的分布。与气相二噁英类的分布相比，颗粒相中的二噁英类分布发生了很大的变化。主要表现在气相中占比例很大的 2，3，7，8-TCDF 大幅减少，而 OCDF 有明显增加。该分布情况与烧结机除尘灰以及主排风烟道气体中二噁英类同类物的分布规律更为接近。这可能是由于高氯代的 OCDF 比低氯代的 TCDF 更容易被烟气中各种颗粒物吸附。

表3-3 同样给出了不同烧结机风箱中颗粒相 PCDDs 与 PCDFs 之间的关系。可以看出 PCDFs 仍然占据主导地位，范围在56%～93%之间。该比例与气相 PC-DFs 的分布类似。PCDDs 与 PCDFs 的比例在 0.07～0.78 范围内。同样表明，由于二噁英类生成机制的不同，使得风箱支管中的 PCDD/Fs 分布也发生变化。

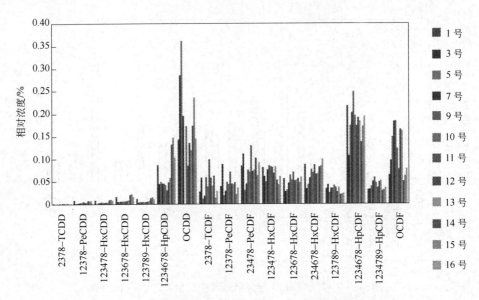

图 3-9　不同风箱烟气中 17 个颗粒相 PCDD/Fs 同类物的分布

表 3-3　风箱中颗粒相 PCDDs 和 PCDFs 的分布

风　箱　号	$\sum PCDDs/\sum PCDFs$	$\sum PCDFs/(\sum PCDDs + \sum PCDFs)$
1 号	0.38	72%
3 号	0.52	66%
5 号	0.75	57%
7 号	0.35	74%
9 号	0.07	93%
10 号	0.31	77%
11 号	0.16	86%
12 号	0.26	79%
13 号	0.26	80%
14 号	0.56	64%
15 号	0.78	56%
16 号	0.41	71%

　　与气相二噁英类在风箱支管中的分布一致，7 号和 15 号风箱颗粒相中的二噁英类也同样出现类似的现象，并且更加明显。如图 3-10 所示，在 7 号风箱中占据很大比例的 OCDF 在 15 号风箱中急剧降低，取而代之的是 1，2，3，4，6，7，8-HpCDD。再次说明不同风箱支管内的二噁英类存在不同的生成机制。而从颗粒相和气相分布的总的趋势来看，颗粒相中低氯代二噁英类所占比例明显降低，以高氯代为主。说明即使在 387℃时，高氯代二噁英类与颗粒物之间存在较大的结合力，不容易被热脱附。正如 Wang 等人[90]对颗粒物与二噁英类之间吸附能力的

猜想一样，两者之间可能存在化学吸附作用，该结合能力大于一般的氢键和物理吸附能力。

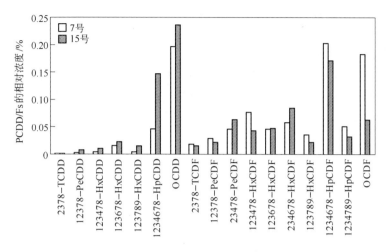

图 3-10 7 号风箱和 15 号风箱烟气中颗粒相 PCDD/Fs 的分布

3.3.3.3 烧结机风箱烟气中气粒两相 PCDD/Fs 的分配规律

图 3-11 所示为气粒两相二噁英类在各个风箱中的分布情况，横坐标为风箱的相对位置，数字越大代表离机尾越近，折线图为风箱中气态二噁英类所占的比例。如图 3-11 所示，在大多数的风箱中气态二噁英类所占的比例在 30% ~ 60% 之间，即气粒两相的二噁英类比例基本在 1∶0.8 ~ 1∶1.2 之间。可见，在烟气排放中仍然存在大量以气态形式存在的二噁英类物质，因此通过提高除尘效率，只能去除烟气中 50% 左右的颗粒相二噁英类。

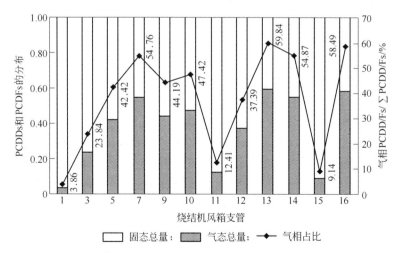

图 3-11 风箱中气粒两相 PCDD/Fs 的变化

图 3-12 所示为不同风箱中气相 PCDD/Fs 和颗粒相 PCDD/Fs 浓度变化的趋势。可以看出，从 13 号风箱开始，气相 PCDD/Fs 和颗粒相 PCDD/Fs 浓度都开始上升，并迅速达到最高点，随后急剧下降，气相 PCDD/Fs 的峰值出现在第 14 号风箱中，而颗粒物中 PCDD/Fs 的峰值出现在第 15 号风箱。15 号风箱中，气相 PCDD/Fs 出现了明显降低，随后再次升高。15 号风箱烟气温度最高，达到 387℃，气相浓度反而降低。目前为止，还没有可以信服的理由来加以解释，需要进一步的探索和研究，同时确定该现象的出现是否是偶然现象。

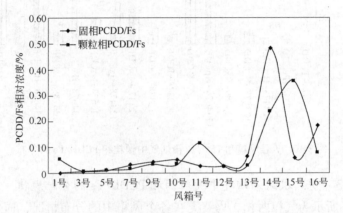

图 3-12　烧结风箱中气相 PCDD/Fs 和颗粒相 PCDD/Fs 浓度的变化

3.3.3.4　影响气/粒 PCDD/Fs 分配行为的因素分析

已有研究表明，[91] 蒸气压是导致颗粒相 PCDD/Fs 向气相 PCDD/F 迁移的重要参数，尤其是对低氯代二噁英类，如 TCDD。因此，蒸气压是二噁英类半挥发物质是否被颗粒物吸附的主要影响因素。

目前文献中关于测量所得的蒸气压的报道还非常少，Rordorf[92] 采用气体饱和法测定一些 PCDD/Fs，主要是低氯代二噁英类的蒸气压，并基于热力学理论提出了一个较好的预测蒸气压的相关性方法，以此估算了其余固体化合物的蒸气压，提供了 20 ~ 125℃ 范围内的固体蒸气压[92]。Eitzer 和 Hites 等人[93] 利用 PC-DD/Fs 的色谱保留指数（GC-RI）计算得出了 PCDD/Fs 的饱和蒸气压。色谱保留指数的计算以 p, p′-DDT 作为参考标准物，使用 DB-5 非极性色谱柱。Li 等人[94,95] 采用一套基于努森隙透法技术、配备小型努森单元的实验装置，测定了 17 种多氯代二苯并－对－二噁英类（包括二苯并－对－二噁英类）和 5 种多氯代二苯并呋喃（包括二苯并呋喃）在不同温度下的蒸气压。Donnelly 等人[96] 和 Hale 等人[97] 在 Eitzer 基础上，进一步完善了 PCDD/Fs 色谱保留指数与蒸气压的计算公式：

$$\lg p_{L}^{0} = \frac{-1.34(RI)}{T} + 1.67 \times 10^{-3}(RI) - \frac{3120}{T} + 8.087 \tag{3-1}$$

式中 p_L^0——有机化合物的饱和蒸气压，Pa；

　　　　RI——色谱保留指数（17 种 2，3，7，8-PCDD/Fs 的保留指数在 2338 ~ 3196 之间）；

　　　　T——温度，K。

此外，为评价 17 种 2，3，7，8-PCDD/Fs 在气相和颗粒相之间的分配关系，利用气粒分配系数来表示[77]：

$$\varphi = \lg\left(\frac{C_v}{C_s}\right) \tag{3-2}$$

式中　φ——PCDD/Fs 气粒相分配系数；

　　　　C_v——烟气中气相 PCDD/F 的浓度（标态），ng/m^3；

　　　　C_s——烟气中颗粒相 PCDD/Fs 的浓度（标态），ng/m^3。

φ 为气粒两相 PCDD/Fs 分配系数的对数值。当 $\varphi > 0$，表明超过 50% 的 PC-DD/F 存在于气相中。φ 值越负，说明化合物存在于颗粒相中的比例越高，φ 值越正，说明化合物存在于气相中的比例越高。

A　温度对 PCDD/Fs 分配行为的影响

图 3-13 所示为 7 种 2，3，7，8 – PCDDs 分配系数与温度的关系。实测烟气温度在 50 ~ 400℃ 之间，在此区间内没有观测到温度对 7 种 2，3，7，8 – PCDDs 分配系数的影响存在明显的规律性。但是气粒分配系数与二噁英类的氯取代数目有一定的关系，低氯代二噁英类，如 2，3，7，8 – TCDD 和 1，2，3，7，8 – PeCD 主要以气态形式存在。这可能是由于分子量小的低氯代 PCDDs 同类物蒸气压较高，容易气化排放到烟气中，而分子量大的高氯代 PCDDs 同类物蒸气压相对低，则易于沉积于飞灰上[89]。

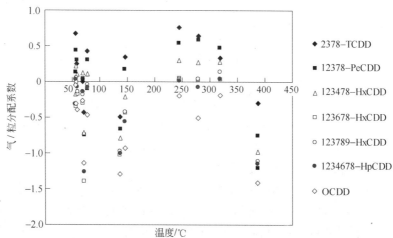

图 3-13　7 种 2，3，7，8 – PCDDs 分配系数与温度的关系

与二噁英类化合物不同，PCDFs 随着烟气温度的增加，气相中 PCDFs 的比例明显增加，在 250~320℃区间，气态 PCDFs 占 50%以上。然而在 380℃时，却主要存在于颗粒相中，如图 3-14 所示。但是低氯代 PCDFs 也同样主要存在于气相中，与温度变化无明显的相关性。从而也说明烧结过程中二噁英类生成的复杂性，还不能找到明显的规律以及充分的解释，需要进一步的深入研究。

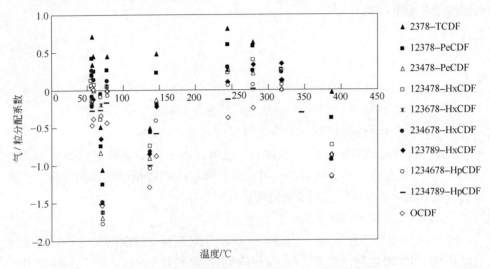

图 3-14　10 种 2，3，7，8 - PCDFs 分配系数与温度的关系

B　烟气中 PCDD/Fs 分压计算

烟气中 PCDD/Fs 同类物的分压也是影响 PCDD/Fs 气/粒分配的重要因素。Wang 等人[11]利用现有的蒸气压，对烟气中二噁英类的存在形态进行了讨论。以挥发性最小的 OCDD 为例，Rordorf[92,98]提出 OCDD 在室温下的蒸气压为 1.1×10^{-10} Pa，相当于 10^{-15} 个大气压。125℃时，固体饱和蒸气压升至 0.52×10^{-9} Pa，过冷液体饱和蒸汽升至 0.27×10^{-5} Pa。OCDD 在主排风烟道内的浓度（标态）为 0.35ng/m^3，相对应的分压为 1.42×10^{-9} Pa，与 25℃时的固体饱和蒸气压类似，然而远远小于 125℃时的固体饱和蒸气压。因此他们认为烟气中应该有大量气态 PCDD/Fs 存在。并且还引用了 Schramm 等人[11]的研究来支持他们的观点。在进行预测时，认为相比于稠环同类物的挥发度，气相浓度要低于这个预测值。Schramm 等人通过实验证实当环境温度为 140℃时，分压在 0.5Pa，7.5g/m^3 的 OCDD 会有 0.009%的 OCDD 处于气态。

由于风箱支管中 PCDD/Fs 的浓度不同，因此各同类物的气体分压也不同。假设烟气中 PCDD/Fs 的浓度都以气态存在，根据各同类物的浓度以及烟道内的气体压力可计算出不同风箱内 PCDD/Fs 同类物的分压，计算结果见表 3-4。表 3-5 为根据色谱保留指数计算的不同风箱温度下的（P_L^0）。

表3-4 各风箱烟气中 PCDD/Fs 同类物的分压

(Pa)

风箱支管	1号	3号	5号	7号	9号	10号	11号	12号	13号	14号	15号	16号
2378-TCDF	2.20×10^{-11}	2.39×10^{-12}	4.13×10^{-12}	8.38×10^{-12}	2.19×10^{-11}	2.22×10^{-11}	4.93×10^{-11}	2.38×10^{-11}	3.39×10^{-11}	2.17×10^{-10}	6.76×10^{-11}	8.46×10^{-11}
12378-PeCDF	7.82×10^{-11}	3.78×10^{-12}	9.84×10^{-12}	2.24×10^{-11}	3.88×10^{-11}	5.76×10^{-11}	1.15×10^{-10}	4.12×10^{-11}	7.68×10^{-11}	1.10×10^{-9}	4.45×10^{-10}	3.99×10^{-10}
23478-PeCDF	7.98×10^{-11}	6.21×10^{-12}	1.05×10^{-11}	2.03×10^{-11}	3.58×10^{-11}	4.06×10^{-11}	7.60×10^{-11}	2.70×10^{-11}	5.35×10^{-11}	9.42×10^{-10}	5.81×10^{-10}	2.76×10^{-10}
123478-HxCDF	1.25×10^{-10}	8.95×10^{-12}	1.36×10^{-11}	2.45×10^{-11}	3.86×10^{-11}	5.21×10^{-11}	1.09×10^{-10}	3.70×10^{-11}	6.44×10^{-11}	1.32×10^{-9}	1.09×10^{-9}	3.40×10^{-10}
123678-HxCDF	9.12×10^{-11}	6.58×10^{-12}	1.20×10^{-11}	1.98×10^{-11}	3.23×10^{-11}	4.06×10^{-11}	8.39×10^{-11}	2.91×10^{-11}	5.58×10^{-11}	9.76×10^{-10}	7.72×10^{-10}	2.59×10^{-10}
234678-HxCDF	6.47×10^{-10}	8.31×10^{-11}	1.24×10^{-11}	1.91×10^{-11}	2.91×10^{-11}	3.42×10^{-11}	4.96×10^{-11}	2.23×10^{-11}	4.12×10^{-10}	8.50×10^{-9}	7.23×10^{-9}	1.91×10^{-9}
123789-HxCDF	1.09×10^{-9}	4.76×10^{-11}	6.97×10^{-11}	7.41×10^{-10}	7.24×10^{-10}	1.03×10^{-9}	1.32×10^{-9}	5.50×10^{-10}	6.83×10^{-10}	8.81×10^{-9}	$1.12E-08$	1.94×10^{-9}
1234678-HpCDF	1.95×10^{-10}	7.63×10^{-11}	5.66×10^{-11}	2.05×10^{-10}	7.28×10^{-10}	5.97×10^{-10}	1.75×10^{-9}	7.79×10^{-10}	9.57×10^{-10}	4.12×10^{-9}	1.16×10^{-9}	1.40×10^{-9}
1234789-HpCDF	2.71×10^{-10}	1.03×10^{-10}	6.51×10^{-11}	1.94×10^{-10}	5.00×10^{-10}	5.04×10^{-10}	1.22×10^{-9}	3.97×10^{-10}	6.85×10^{-10}	3.82×10^{-9}	1.30×10^{-9}	1.55×10^{-9}

续表 3-4

风箱支管	1号	3号	5号	7号	9号	10号	11号	12号	13号	14号	15号	16号
OCDF	5.19×10^{-10}	1.17×10^{-10}	7.12×10^{-11}	1.89×10^{-10}	4.68×10^{-10}	5.29×10^{-10}	1.83×10^{-9}	3.86×10^{-10}	6.47×10^{-10}	5.38×10^{-9}	2.78×10^{-9}	2.10×10^{-9}
2378 – TCDD	6.88×10^{-10}	1.09×10^{-10}	1.70×10^{-10}	4.17×10^{-10}	7.74×10^{-10}	9.01×10^{-10}	1.66×10^{-9}	4.83×10^{-10}	8.95×10^{-10}	5.32×10^{-9}	2.71×10^{-9}	2.52×10^{-9}
12378 – PeCDD	4.31×10^{-10}	5.18×10^{-11}	9.98×10^{-11}	2.46×10^{-10}	4.99×10^{-10}	5.31×10^{-10}	1.25×10^{-9}	3.18×10^{-10}	5.44×10^{-10}	4.24×10^{-9}	2.55×10^{-9}	1.79×10^{-9}
123478 – HxCDD	6.14×10^{-10}	6.61×10^{-11}	1.34×10^{-10}	3.11×10^{-10}	5.81×10^{-10}	6.77×10^{-10}	1.42×10^{-9}	3.82×10^{-10}	6.63×10^{-10}	6.44×10^{-9}	4.11×10^{-9}	2.71×10^{-9}
123678 – HxCDD	2.40×10^{-10}	5.44×10^{-11}	5.79×10^{-11}	1.39×10^{-10}	2.42×10^{-10}	3.42×10^{-10}	6.01×10^{-10}	1.50×10^{-10}	2.79×10^{-10}	1.98×10^{-9}	1.09×10^{-9}	7.22×10^{-10}
123789 – HxCDD	1.51×10^{-9}	2.01×10^{-10}	4.53×10^{-10}	8.40×10^{-10}	1.68×10^{-9}	1.52×10^{-9}	2.68×10^{-9}	9.23×10^{-10}	1.29×10^{-9}	8.74×10^{-9}	8.06×10^{-9}	4.09×10^{-9}
1234678 – HpCDD	2.03×10^{-10}	4.80×10^{-11}	8.40×10^{-11}	1.85×10^{-10}	3.42×10^{-10}	3.08×10^{-10}	5.24×10^{-10}	1.98×10^{-10}	2.76×10^{-10}	1.90×10^{-9}	1.37×10^{-9}	6.55×10^{-10}
OCDD	3.83×10^{-10}	1.25×10^{-10}	2.35×10^{-10}	5.12×10^{-10}	8.71×10^{-10}	6.03×10^{-10}	9.75×10^{-10}	5.53×10^{-10}	6.50×10^{-10}	2.52×10^{-9}	2.48×10^{-9}	1.02×10^{-9}

表 3-5 不同风箱温度下的 P_L^0 (Pa)

风箱支管	1号	3号	5号	7号	9号	10号	11号	12号	13号	14号	15号	16号
T – gas/℃	71.63	69.25	59.25	56.65	56.85	77.70	137.14	146.06	244.62	318.49	387.45	279.22
T – gas/K	344.63	342.25	332.25	329.65	329.85	350.70	410.14	419.06	517.62	591.49	660.45	552.22
2378 – TCDD	1.01×10^{-1}	8.19×10^{-2}	3.30×10^{-2}	2.58×10^{-2}	2.63×10^{-2}	1.70×10^{-1}	1.22×10	2.09×10	2.30×10^{3}	2.79×10^{4}	1.73×10^{5}	8.04×10^{3}
12378 – PeCDD	3.30×10^{-2}	2.64×10^{-2}	1.00×10^{-2}	7.71×10^{-3}	7.87×10^{-3}	5.74×10^{-2}	5.45	9.66	1.45×10^{3}	2.07×10^{4}	1.44×10^{5}	5.49×10^{3}
123478 – HxCDD	1.22×10^{-2}	9.68×10^{-3}	3.49×10^{-3}	2.65×10^{-3}	2.70×10^{-3}	2.20×10^{-2}	2.67	4.88	9.59×10^{2}	1.58×10^{4}	1.23×10^{5}	3.91×10^{3}
123678 – HxCDD	1.18×10^{-2}	9.34×10^{-3}	3.36×10^{-3}	2.55×10^{-3}	2.60×10^{-3}	2.12×10^{-2}	2.60	4.77	9.45×10^{2}	1.57×10^{4}	1.22×10^{5}	3.87×10^{3}
123789 – HxCDD	1.10×10^{-2}	8.69×10^{-3}	3.11×10^{-3}	2.36×10^{-3}	2.41×10^{-3}	1.98×10^{-2}	2.47	4.54	9.17×10^{2}	1.54×10^{4}	1.21×10^{5}	3.77×10^{3}
1234678 – HpCDD	4.13×10^{-3}	3.22×10^{-3}	1.09×10^{-3}	8.18×10^{-4}	8.36×10^{-4}	7.65×10^{-3}	1.22	2.31	6.11×10^{2}	1.18×10^{4}	1.03×10^{5}	2.70×10^{3}
OCDD	1.47×10^{-3}	1.13×10^{-3}	3.64×10^{-4}	2.68×10^{-4}	2.75×10^{-4}	2.81×10^{-3}	5.81×10^{-1}	1.13	3.99×10^{2}	8.96×10^{3}	8.73×10^{4}	1.90×10^{3}

续表 3-5

风箱支管	1号	3号	5号	7号	9号	10号	11号	12号	13号	14号	15号	16号
2378－TCDF	1.18×10^{-1}	9.57×10^{-2}	3.88×10^{-2}	3.04×10^{-2}	3.10×10^{-2}	1.97×10^{-1}	1.36×10	2.32×10	2.45×10^{3}	2.91×10^{4}	1.77×10^{5}	8.47×10^{3}
12378－PeCDF	4.96×10^{-2}	3.99×10^{-2}	1.55×10^{-2}	1.20×10^{-2}	1.22×10^{-2}	8.53×10^{-2}	7.32	1.28×10	1.71×10^{3}	2.30×10^{4}	1.54×10^{5}	6.31×10^{3}
23478－PeCDF	4.09×10^{-2}	3.28×10^{-2}	1.26×10^{-2}	9.72×10^{-3}	9.92×10^{-3}	7.07×10^{-2}	6.37	1.12×10	1.58×10^{3}	2.19×10^{4}	1.50×10^{5}	5.90×10^{3}
123478－HxCDF	1.78×10^{-2}	1.41×10^{-2}	5.19×10^{-3}	3.96×10^{-3}	4.04×10^{-3}	3.15×10^{-2}	3.50	6.31	1.12×10^{3}	1.75×10^{4}	1.31×10^{5}	4.45×10^{3}
123678－HxCDF	1.72×10^{-2}	1.37×10^{-2}	5.02×10^{-3}	3.83×10^{-3}	3.91×10^{-3}	3.06×10^{-2}	3.42	6.18	1.10×10^{3}	1.73×10^{4}	1.30×10^{5}	4.40×10^{3}
234678－HxCDF	1.45×10^{-2}	1.15×10^{-2}	4.17×10^{-3}	3.17×10^{-3}	3.24×10^{-3}	2.59×10^{-2}	3.02	5.49	1.03×10^{3}	1.66×10^{4}	1.26×10^{5}	4.15×10^{3}
123789－HxCDF	1.28×10^{-2}	1.01×10^{-2}	3.66×10^{-3}	2.78×10^{-3}	2.84×10^{-3}	2.30×10^{-2}	2.76	5.04	9.77×10^{2}	1.60×10^{4}	1.24×10^{5}	3.98×10^{3}
1234678－HpCDF	6.74×10^{-3}	5.29×10^{-3}	1.84×10^{-3}	1.39×10^{-3}	1.42×10^{-3}	1.23×10^{-2}	1.74	3.24	7.49×10^{2}	1.35×10^{4}	1.12×10^{5}	3.19×10^{3}
1234789－HpCDF	4.30×10^{-3}	3.36×10^{-3}	1.14×10^{-3}	8.54×10^{-4}	8.74×10^{-4}	7.95×10^{-3}	1.26	2.37	6.22×10^{2}	1.19×10^{4}	1.04×10^{5}	2.74×10^{3}
OCDF	1.89×10^{-3}	1.46×10^{-3}	4.76×10^{-4}	3.52×10^{-4}	3.60×10^{-4}	3.58×10^{-3}	6.96×10^{-1}	1.35	4.42×10^{2}	9.58×10^{3}	9.09×10^{4}	2.07×10^{3}

计算得出, PCDD/Fs 同类物在烟气中的分压都在 $10^{-9} \sim 10^{-12}$ Pa 之间, 远远小于相应的过冷液体饱和蒸气压, 范围在 $10^{-4} \sim 10^{3}$ Pa。说明大部分的气态二噁英类是被吸附在颗粒物表面, 或者被一些多孔颗粒所捕集。

C　PCDD/Fs 蒸气压与气/粒分配系数的关系

由于烧结过程复杂, 会产生多种污染物, 烟气中不仅存在一些未完全燃烧的残炭, 还含有重金属、SO_2、NO_x 等多种污染物质, 因此二噁英类在烟气中颗粒物上的吸附不仅包含物理吸附, 还很有可能存在化学吸附作用。在分析 PCDD/Fs 蒸气压和 PCDD/Fs 气/粒分配关系时, 发现除了 1 号、3 号和 14 号风箱外, 其余风箱烟气中 PCDD/Fs 的气/粒分配系数的对数值与相对应的饱和蒸气压的对数值都存在明显的线性关系, 如图 3-15、图 3-16 所示, 随着蒸气压的增加, 在气相中的分布也明显增加。图中线性回归方程及相关系数与其右边的图示从上至下一一对应。

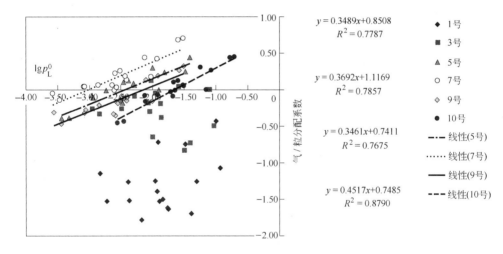

图 3-15　1 号、3 号、5 号、7 号、9 号、10 号风箱中 PCDD/Fs 气/粒
分配系数与 $\lg P_L^0$ 的线性关系

Chi 等人[87,99]对城市垃圾焚烧厂排放烟气经不同的除尘设备处理后, 烟气中气/粒两相 PCDD/Fs 的分配规律进行了研究, 也发现 PCDD/Fs 的气粒分配系数与其相应的液体饱和蒸气压之间存在很好的线性关系, 并且建立了可以表征两者之间关系的模型:

$$\lg\left(\frac{C_v}{C_s}\right) = m \lg P_L^0 + \lg\left(\frac{c}{PM}\right) \tag{3-3}$$

式中　P_L^0——PCDD/F 同类物在烟气温度下的饱和蒸气压, Pa;

    m——有关除尘设备类型的参数；

    c——与烟气中颗粒物特性有关的参数；

    PM——烟气中颗粒物浓度（标态），mg/m^3。

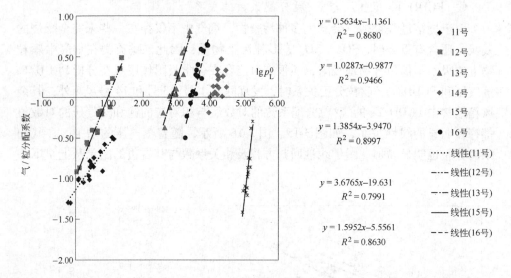

图 3-16　11 号、12 号、13 号、14 号、15 号、16 号风箱中 PCDD/Fs 气/粒
分配系数与 $\lg P_L^0$ 的线性关系

对于未经除尘的烟气中，m 值和 c 值分别为 1.11 ± 0.022 和 0.042 ± 0.005[87]。

根据上述模型，以各风箱中的拟合线性方程为依据，计算出 m 值和 c 值，见表 3-6。

表 3-6　气粒分配系数与蒸气压的模型参数（标态）

风箱支管	PM/mg·m⁻³	烟气温度/℃	m	c	相关系数 R^2
5 号	1380.10	59.25	0.35	9788.37	0.78
7 号	1904.00	56.65	0.37	24921.08	0.79
9 号	2201.70	56.85	0.35	12129.93	0.77
10 号	4533.10	77.70	0.45	25403.60	0.88
11 号	11838.60	137.14	0.56	865.37	0.87
12 号	3701.30	146.06	1.03	380.76	0.95
13 号	7287.30	244.62	1.39	0.82	0.90
15 号	5759.90	387.45	3.68	0.00	0.80
16 号	3230.20	279.22	1.60	0.01	0.86

从表 3-6 可以看出，相对于 c 值的变化区间，m 值的变化范围相对较小。然

而由于方程都源自于风箱支管中的数据，因此与除尘设备无关，反而与烟气中的温度有一定的关系，随着温度的上升有上升的趋势。在用于预测大气中半挥发性有机化合物的气－粒分配行为的 Junge-Pankow 模型中，也提出化合物在颗粒物上的组分与化合物在颗粒物表面的解吸热、挥发热以及化合物在颗粒物表面的摩尔吸附点有关[14]。而温度是影响上述行为的重要因素，因此，m 值在某种程度上与烟气温度密切相关。此外，Chi 等人[87]发现 c 值的变化幅度很大，c 值随着颗粒物比表面的增加而增加，尤其是当烟气中含活性炭时，表现的尤为明显。本书中的 c 值的变化区间也非常大，且变化幅度远远大于 Chi 等人[87]所提出的 0.042～409 的波动范围。可能是由于在不同的烧结段，烟气中的粉尘表现出极大的不同，烟气中其他污染物质如 SO_2、NO_x 等的存在也对 c 值造成极大的影响。说明在不同的风箱支管中，存在不同的分配机制，无法用单一的模型进行描述。

此外，上述模型都是基于 GC-RI 相关性方法基础上的。事实上，当 Eitzer 和 Hites[92,100]将 P_L^0 转换成 P_S^0 时发现，他们预测的 P_S^0 与依据 Rordorf[92,98,101~104]所提出的蒸气压相关性计算方法得出的 P_S^0 值存在很大的系统误差：对于低氯代 PCDD/Fs，GC-RI 相关性导致 P_S^0 的预测值为 Rordorf 的预测值的 1/9，而对高氯代 PCDD/Fs，GC-RI 方法计算的 P_S^0 比 Rordorf 的计算值高 5 倍。因此对于 PCDD/Fs 的蒸气压特性还存在很大的不确定性。Brian 等人[105,106]为此进行了进一步的研究。在 25℃的条件下测试了 6 种 PCDDs 和 7 种 PCDFs，并以此为依据，对蒸气压预测方程常数进行了完善。本书对上述两种计算方法在 25℃和 300℃所得出的液体饱和蒸气压进行了比较。如图 3-17 所示，在 25℃情况下，两者的预测值都比较接近，然而在 300℃时，就出现了较大的偏差。因此，鉴于 PCDD/Fs 各种理化参数的不确定性，以及烧结过程中的复杂性，对于烧结过程中 PCDD/Fs 气粒分配行为的研究，还需进行大量的研究。

3.3.4 风箱支管烟气中 SO_2、O_2、CO 对 PCDD/Fs 排放的影响

许多研究结果[107,108]表明，硫在二噁英类生成过程中起重要的抑制作用：首先硫的存在会减少 Cl_2 的形成，抑制燃烧过程中的氯化反应，从而减少二噁英类的生成。当存在 SO_2 时，SO_2 和氯气、水分反应生成 HCl（式（3-4）），将活性较强的 Cl_2 转化为 HCl，从而降低了芳香亲电取代反应产生 PCDD/Fs 或其前生体的可能性。

$$Cl_2 + SO_2 + H_2O \longrightarrow 2HCl + SO_3 \tag{3-4}$$

其次，SO_2 可以使催化剂 Cu 中毒，与 CuO 反应生成活性小的 $CuSO_4$ 式（3-5），从而降低了铜的催化活性。Gullett 等人[105]在实验中发现，当 $CuSO_4$ 作为催化剂时，PCDD/Fs 的排放比 CuO 作为催化剂低两个数量级，表明在联芳基化合物合

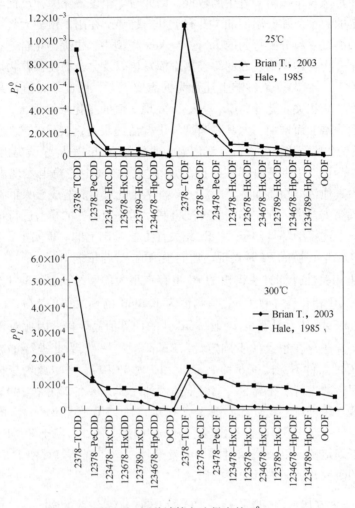

图 3-17　两种计算方法得出的 P_L^0

成中 $CuSO_4$ 的催化活性比 CuO 低。

$$CuO + SO_2 + O_2 \longrightarrow CuSO_4 \tag{3-5}$$

　　然而 Gullet[109,110] 等人指出硫化合物抑制二噁英类的生成主要是 SO_3 的作用，而不是 SO_2 的作用。SO_3 通过硫酸化反应使飞灰表面的催化活性降低。Huang 等人[111] 也认为，SO_2 的作用并非通过影响 Deacon 反应减少气氛中 Cl_2 来实现对二噁英类的抑制作用。

　　本书针对不同生产规模的烧结机，对烧结机风箱支管内的烟气成分进行了详细测定，目的是验证上述污染物排放的规律，探讨烟气中 SO_2 对 PCDD/Fs 排放的影响。

3.3.4.1 风箱烟气中的 SO_2 对 PCDD/Fs 排放的影响

烧结烟气中 SO_2 主要来源于烧结矿原料铁精矿中硫的化合物燃烧。铁矿石中的硫通常以硫化物和硫酸盐形式存在，以硫化物形式存在的矿物有 FeS_2、$CuFeS_2$、CuS、ZnS、PbS 等；以硫酸盐形式存在的有 $BaSO_4$、$CaSO_4$ 和 $MgSO_4$ 等。而固体燃料（如煤粉）带入的硫则以单质硫或者有机硫的形式存在。在烧结过程中以单质和硫化物形式存在的硫通常在氧化反应中以气态硫化物的形式释放，而以硫酸盐形式存在的硫则在分解反应中以气态硫化物的形式释放[112]。在烧结过程中，硫化物在不同温度下发生分解和氧化反应，沿料层高度进行再分布。燃烧带或预热带气化的硫，以 S、SO_2 和 SO_3 的形态逐渐进入预热带和过湿带，最终大多以 SO_2 或进一步氧化成 SO_3 排出，其转化率可达85%左右[113]。

未脱硫烧结烟气二氧化硫浓度（标态）在 $400 \sim 1500mg/m^3$，有的高达 $5000 \sim 6000mg/m^{3[114]}$。图 3-18 所示为 1DL 烧结机和 2DL 烧结机风箱中 SO_2 浓度的变化趋势。两者测得的 SO_2 浓度变化趋势基本类似，也符合其他文献报道的

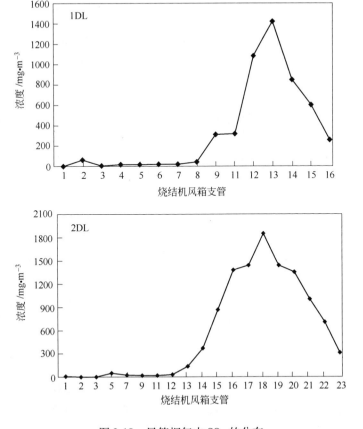

图 3-18 风箱烟气中 SO_2 的分布

规律[114]。以 2DL 为例，SO_2 排放浓度较高的部分都集中在 14 号风箱和 21 号风箱之间，最高点在 18 号风箱，浓度超过 $1800mg/m^3$，略高于 1DL 的 SO_2 浓度。因此，烧结生产过程中，SO_2 的产生是跟烧结过程密切相关的。其特征是出现在烧结机中部和后部。因此，为减少脱硫设备的投资和运行成本，将烧结风箱支管的烟气进行脱硫系和非脱硫系的区别，是非常有必要的，可大幅降低脱硫设备的规模。

然而从上述规律来看，风箱烟气中 SO_2 对烟气中 PCDD/Fs 的排放没有明显的抑制作用，两者都是在靠近烧结机尾部时出现峰值。

3.3.4.2　风箱烟气中的 O_2 和 CO 对 PCDD/Fs 排放的影响

烧结混合料中的碳燃烧后最终将转变为 CO_2、CO，因固体燃料在烧结混合料中的分布状况、烧结工艺等因素的影响，会使部分燃烧不完全，形成烧结粉尘以及存留在烧结矿和返矿中的残碳[114]。

烧结中，碳粒呈分散状分布在料层中，燃烧过程遵循非均相燃烧规律。可能发生的反应如下：

$$C + O_2 = CO_2 + 33411kJ/(kg \cdot ℃)，\quad \Delta G^{\ominus} = -395350 - 0.54T \quad (3-6)$$

$$2C + O_2 = 2CO + 9797kJ/(kg \cdot ℃)，\quad \Delta G^{\ominus} = -228800 - 171.54T \quad (3-7)$$

$$CO_2 + C = 2CO - 13816kJ/(kg \cdot ℃)，\quad \Delta G^{\ominus} = 166550 - 171T \quad (3-8)$$

$$2CO + O_2 = 2CO_2 + 23616kJ/(kg \cdot ℃)，\quad \Delta G^{\ominus} = -166550 + 171T \quad (3-9)$$

在实际烧结过程中易发生反应（3-6），在高温区有利于反应（3-7）进行。由于燃烧带窄，废气经过预热干燥带温度很快下降，所以反应（3-7）受到限制。反应（3-8）的逆反应在烧结过程中能进行，但其反应是受限制的。反应（3-9）在烧结过程的低温区易于进行。所以烧结废气中以 CO_2 为主，只有少量 CO[113]。

图 3-19 所示分别为两台烧结机风箱中 O_2、CO_2 和 CO 浓度的变化规律。两者的规律也非常吻合。以 2DL 烧结机为例，O_2 随烧结开始迅速降低，到 17 号风箱时开始回升，直至最高水平。CO 的浓度变化趋势与 NO_x 类似，高浓度都集中在烧结机前端，17 号风箱之前。并且 CO 的浓度很高，在最高点时（标态）达到 $6000mg/m^3$，这部分 CO 的排放不仅污染环境，还造成能源的浪费，如何通过工艺手段降低 CO 的排放是烧结节能减排的重要方向。然而没有观测到烧结机风箱中 O_2、CO_2 和 CO 对风箱中 PCDD/Fs 生成的影响。

3.4　本章小结

由于烧结烟气成分复杂，含多种污染物质，且烧结烟气量大，控制二噁英类的排放难度很大，充分调查烧结过程中二噁英类的排放规律是今后采取各种控制手段的基础条件。

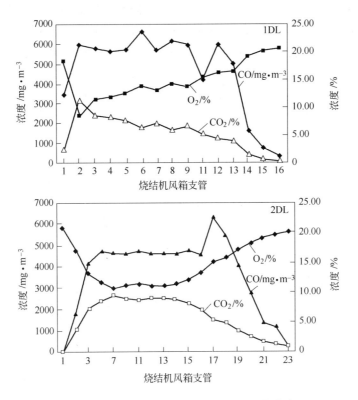

图 3-19 烧结机风箱中 O_2、CO_2 和 CO 的分布

本章分别以中型烧结机以及大型烧结为研究目标，对烧结机不同位置风箱烟气中 17 种 2，3，7，8 氯代二噁英类的分布进行了分析，发现风箱中二噁英类的浓度变化趋势与烟气温度的变化趋势非常吻合，二噁英类主要在烧结机末端排放出来，占总排放量的 60% 以上；烧结机不同位置的风箱烟气中，17 种 2，3，7，8-PCDD/Fs 的分布非常类似，均以 PCDFs 以为主，占 40%～60%；相对于中型烧结机，大型烧结机在减少 PCDD/Fs 排放方面，具有显著优势；该烧结机风箱中 PCDD/Fs 浓度变化规律符合指数变化趋势，相关系数 $R = 0.8957$。

针对中型烧结机对烧结过程中二噁英类的气粒分配行为进行了研究。结果表明不同风箱支管内的二噁英类可能存在不同的生成机制；颗粒物与高氯代二噁英类之间存在较大的结合力，表现为低氯代二噁英类在颗粒相中所占比例明显降低，以高氯代为主；大多数的风箱烟气中气态二噁英类仍然占很大比例，大约在 30%～60% 之间；没有观测到温度对二噁英类分配系数的影响存在明显的相关性，但与二噁英类的氯取代数目有关，低氯代二噁英类主要以气态形式存在；PCDD/Fs 同类物在烟气中的分压远远小于相应的过冷液体饱和蒸气压，说明有部分气态二噁英类被颗粒物吸附，其吸附机制包含物理吸附和化学作用吸附；风箱烟气中 PCDD/Fs 的气/粒分配系数的对数值与相对应的饱和蒸气压的对数值存在明显的线性关系。此外还对烧结过程中 SO_2、O_2、CO 等污染物质对二噁英类的排放规律进行了探讨，没有发现烟气中 SO_2、O_2、CO 对二噁英类排放有明显的影响。

4 烧结源头添加抑制剂脱除 PCDD/Fs 的效果及其抑制机制

4.1 概述

由于烧结过程存在二噁英类生成的有利条件，因此二噁英类污染物是烧结过程的必然产物[7]。已有学者在对烧结厂区环境的二噁英类水平进行了调查[22,23,115]，并且对厂区工人进行健康风险评价，发现长时间工作在烧结厂区域的工人的二噁英类日摄入量（LADDs）以及他们患癌症风险（ECRs）都远远大于其他地区的居民。因此，如果能够在源头抑制或减少二噁英类的生成，不仅可以减少尾气末端治理的成本和含二噁英类固体废弃物的产生，同时对周边大气环境以及生产厂区工人的身体健康无疑是非常有利的。

烧结过程中二噁英类的生成可能存在多种途径，氯和铜已经被证实是影响二噁英类生成的重要因素[116,117]。氯、铜等元素主要是由烧结混合料中的回收物料带来的。为减少烧结混合料中的氯元素，Kasai 等人[3]提出，最好采用含氯元素低的原料，并选用含铜元素比较低的铁矿石。然而当前铁矿石资源日益紧张，工厂完全没有挑选铁矿石的余地，因此这个办法在实际实现的可能性非常小。此外还可以通过洗涤或高温方式减少烧结原料中的氯元素和铜元素，然而这种方法给企业带来更复杂的操作工艺和运行成本，实施难度也相当大。因此，向烧结混合料中添加一定量的抑制剂，成为减少烧结过程中二噁英类排放的首选技术之一。

也有许多研究结果[107,118]认为，硫在二噁英类生成过程中起重要的抑制作用。烧结混合料中的铁矿石以及固体燃料（如煤粉）都可能带入硫[112]。依据上述理论，硫对烧结过程中二噁英类的生成会产生抑制作用，然而还没有相关的文献对此进行报道。本书的实际调查中也没有发现烟气中 SO_2 浓度对 PCDD/Fs 的排放有明显的影响。

除硫以外，一些氨基化合物[68,70,73~76,108,119]被认为对二噁英类的生成有抑制作用。这些氨基官能团可以和起催化作用的过渡金属在飞灰表面形成表面螯合物，起到抑制二噁英类形成的效果。目前，实验室范围内已使用过的含氨基抑制剂很多；包括氨、氨基磺酸、三乙醇胺、三羟乙基胺、单乙醇胺，以及尿素等，效果显著。Xhrouet 等人[71]研究了添加 TEA（三乙醇胺 triethanolamine）和 MEA（单乙醇胺 monoethanol amine）后，对烧结飞灰中二噁英类生成的抑制作用。英国 Corus 公司[52]以尿素为抑制剂开展了一系列的工厂实验，证明了烧结料中加入尿素可以有效减少烧结过程中 PCDD/Fs 的形成。

相比之下国内对于烧结烟气中二噁英类的源头抑制技术研究还刚刚起步，龙红明[120]等研究了添加尿素抑制剂对钢铁厂烧结烟气二噁英类减排的影响，提出在综合考虑二噁英类的减排效果和避免产生二次污染的前提下，0.05%（质量分数）的投加量为尿素减排二噁英类的适宜配比，同时还对烧结过程中尿素抑制二噁英类形成的机理进行了讨论。该结论与英国 Corus 公司的研究成果不尽相同，他们认为尿素的最佳配比为 0.02%[120]。并且上述研究仅对 0.05%，0.1%，0.5%（质量分数）的尿素投加量进行了实验，其数据量远远不够支持工厂设计的需求。

此外，王永基等人提出肼类物质也是抑制二噁英类生成的良好抑制剂[121]。肼是含有偶氮基团（$H_2N—NH_2$）的物质，具有强烈的还原性，也具有一定的毒性，但是一旦分解，毒性即不复存在。常见的肼类物质是水合肼（$N_2H_4 \cdot H_2O$）和它的衍生物碳酰肼（CH_6N_4O）。与水合肼相比，碳酰肼更为安全环保，毒性较小。这两种肼类物质是电站锅炉常用的给水除氧剂，它们能快速与溶解氧反应，同时还能钝化铁和铜，将 Fe_2O_3 和 CuO 还原成致密的 Fe_3O_4 和 Cu_2O，由此预测肼类物质可能对飞灰中 $CuCl_2$ 和 $FeCl_3$ 的催化活性产生抑制。然而该研究还没有得到实验室研究的证实。

因此，本章选用碳酰肼作为烧结过程中二噁英类生成的新型抑制剂，利用实验室现有的 100kg 烧结锅中试装置，模拟现场烧结的实际工况，对添加碳酰肼对烧结过程中二噁英类生成的抑制效果进行了研究，并且同时以尿素为抑制剂，进行了对比实验。并对采用上述两种抑制剂，工厂实际应用的运行增量成本进行了预测。

4.2　实验部分

4.2.1　实验装置和材料

烧结过程在烧结锅中试装置中进行，烧结锅主体以及二噁英类采样示意图如图 4-1 所示。烧结锅主体内径为 $\phi800mm$，高 300mm。由于二噁英类烟气样品采样的特殊性，在烧结锅排烟管上升段开设采样孔，采样孔要求参考图 4-1。

烧结原料采用某钢铁公司烧结厂实际生产原料。含铁原料主要有铁矿石混匀矿、烧结粉、返矿等，熔剂主要有生石灰、石灰石、蛇纹石、白云石．燃料包括焦粉和煤粉。

抑制剂碳酰肼，分析纯，国药集团化学试剂上海有限公司生产。

抑制剂尿素，分析纯，国药集团化学试剂上海有限公司生产。

4.2.2　烧结锅实验方法及样品采集与分析方法

如图 4-2 所示，首先将铁矿石、溶剂、焦粉和返矿按照一定比例配好，并缩

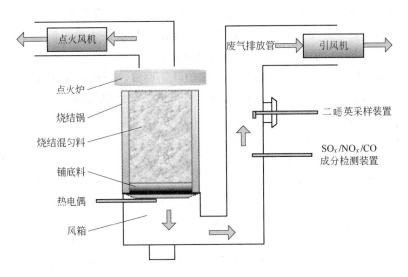

图 4-1 烧结锅实验装置及二噁英类采样位置

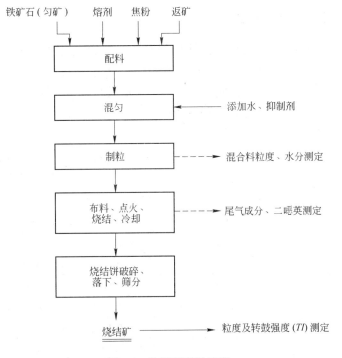

图 4-2 烧结锅实验流程

分取样，测其含水率。混合料装入滚筒式混合机（非标产品，实验室自制）内进行混合，在混合时，将预先溶于水中的抑制剂均匀撒入筒内，并利用混合机的不断滚动，将烧结混合料制成小粒，在此过程中抑制剂得到与混合料的充分混合，从而达到均匀分布的目的。随后混合料经由布料器进入预先铺有 2kg 铺底料（粒度为 10~15mm 的成品烧结矿）的烧结锅内。

料面刮平后，开启点火抽风机，点火炉开始点火。点火炉采用煤气点火，升温至 1000℃ 左右时，开启烧结主抽风机，将点火炉移到烧结锅上面，烧结料点火开始，开始烧结，此时开启各种检测及采样装置。2min 后关闭点火器及点火抽风机，将负压稳定在 14kPa。通过设置在排放管附近烧结锅底部的热电偶对烧结废气的温度进行监控，当烧结废气温度达到最高点时，关闭气体采样及分析装置，二噁英类气体样品收集后送至实验室进行二噁英类分析，二噁英类分析方法见第 2 章第 2 节，其余烟气成分（NO_x、SO_2、CO、CO_2、O_2 等）由便携式在线烟气分析仪（德国 MRU 公司，）直接测定。

烧结锅自然冷却至 100℃ 以下时，关闭烧结主抽风机。将烧成后的烧结矿饼进行破碎，置于 2m 高度连续落下 3 次，筛分后大于 5mm 部分为成品矿，不大于 5mm 部分为返矿，成品矿取样后测定转鼓指数（TI）。至此，完成一次烧结锅实验。

4.2.3 实验设计与计算方法

表 4-1 为添加抑制剂的烧结锅实验设计，抑制剂的添加量配比（重量百分比）分别为 0.01%、0.02%、0.05%、0.10%，考虑到烧结锅实验的不稳定性，每一个配比实验进行三次平行实验，实验结果取其平均值。同时用烧结锅实验的平衡系数作为烧结锅实验有效的评价依据，要求当平衡系数在 0.9~1.1 倍为有效实验。平衡系数计算如表 4-2 所示。

表 4-1 抑制剂烧结锅实验设计

抑制剂	添加配比（质量分数）/%	添加量/g·(kg 混合料)$^{-1}$	实验批次	
	0	0	JZ-1	JZ-2
尿素（Urea）	0.01	0.10	U0.01-1	U0.01-2
	0.02	0.20	U0.02-1	U0.02-2
	0.05	0.50	U0.05-1	U0.05-2
	0.10	1.00	U0.1-1	U0.1-2
碳酰肼（Carbohydrazide）	0.01	0.10	T0.01-1	T0.01-2
	0.02	0.20	T0.02-1	T0.02-2
	0.05	0.50	T0.05-1	T0.05-2
	0.10	1.00	T0.1-1	T0.1-2
实验次数合计				18

　　根据实验设计，共计 18 次实验，预留 2 次实验量作为补充实验，因此共需准备 20 次实验的烧结原料，按每次实验需 100kg 烧结原料计，共需 2000kg 的烧结矿原料。烧结原料取回后，按照一定配比，配成相同组分的 20 组烧结原料待用。实际实验过程中，由于受其他因素影响，碳酰肼实验每次配比仅进行了一次实验。

　　烧结锅实验各项常用指标及计算方法如表 4-2 所示。其中转鼓指数 TI 测定方法按国家标准《高炉和直接还原用铁矿石转鼓和耐磨指数的测定》（GB/T 24531—2009），计算方法见表 4-2。

表 4-2　烧结锅实验指标及其计算方法

指 标 名 称	单 位	计 算 式
成品重 q	kg	$A-B$
烧成率 Y	%	$C-B/F$
成品率 D	%	$q/C-B$
利用系数 Q_l	L/($m^2 \cdot$ h)	$60 \times q/(1000 \times S \times T)$
烧结速度 v	mm/min	H/T
烧结消耗 K_l	kg/t	$G \times F/E \times q$
转鼓指数 TI	%	$(L_1/L_0) \times 100$
返矿平衡系数 F	倍	PA/PE
平衡产品 Q	L/($m^2 \cdot$ h)	$[(PA \cdot PB+q)q] \times Q_l$
平衡消耗 K	kg/t	$K_l \times q/PA-PE+Q$
装入烧结杯混合料中的返矿重 PE	kg	$PB \times F/E$

注：表中的符号含义如下：

　　A——包括铺底料在内的成品烧结矿重，kg；

　　B——铺底料重，kg；

　　C——烧结饼总重，kg；

　　E——包括返矿在内的湿混合料总重，kg；

　　F——装入烧结杯内混合料重量，kg；

　　S——烧结杯底面积，m^2；

　　T——烧结时间，min；

　　H——烧结杯装料高度，mm；

　　G——固体燃料配入量，kg；

　　L_1——转鼓后 6.3mm 粒级的重量，kg；

　　L_0——转股前烧结矿样品的重量，kg；

　　PA——新生产后的返矿重，kg；

　　PB——实际配入的返矿重量，kg。

4.3　结果与讨论

4.3.1　烧结锅实验结果

烧结锅实验结果见表 4-3，平衡系数都在 0.9 ~ 1.1 倍之间，满足实验要求，实验数据可以被采纳。

表 4-3　烧结锅实验结果

试样编号	混合料平均粒度/mm	点火温度/℃	烧结时间/s	烧结率/%	成品率/%	生产率/t·(m²·h)⁻¹	转鼓指数/%	平衡系数
JZ - 1	2.10	880	1973	89.01	78.6	1.385	57.61	1.1
JZ - 2	2.22	863	1815	88.99	77.59	1.489	56.52	1.1
T0.01 - 1	2.12	851	1949	89.15	77.82	1.389	56.96	1.1
T0.02 - 1	1.99	874	2242	88.91	78.70	1.215	59.78	1.1
T0.05 - 1	2.11	851	1982	89.09	78.03	1.349	57.61	1.1
T0.1 - 1	2.14	854	2338	88.8	77.59	1.132	56.52	1.1
U0.01 - 1	2.29	844	1705	89.14	78.02	1.592	52.83	1.1
U0.01 - 1	2.12	848	1919	89.07	78.08	1.406	57.61	1.1
U0.02 - 1	2.16	856	1812	89.13	77.84	1.491	55.22	1.1
U0.02 - 2	2.17	851	1924	89.09	78.63	1.418	55.22	1.1
U0.05 - 1	1.99	852	1875	88.95	77.87	1.444	56.52	1.1
U0.05 - 2	2.33	851	1867	88.99	78.29	1.45	56.74	1.1
U0.1 - 1	2.20	856	1886	88.96	78.49	1.434	55.87	1.1
U0.1 - 1	2.14	854	1949	88.96	78.52	1.387	56.96	1.1

4.3.2　二噁英类排放浓度分析

4.3.2.1　添加碳酰肼对烟气中二噁英类等污染物排放的影响

添加碳酰肼的实验结果如图 4-3 所示。加入 0.01%，0.02%，0.05%，0.1%（质量分数）碳酰肼后，二噁英类的毒性当量排放浓度分别为 280.01、253.25、135.11、87.13（浓度单位），分别较未加抑制剂时降低了 31.82%、38.34%、67.10%、78.79%。二噁英类减排率与碳酰肼添加量线性关系明显，在 0.1%（质量分数）处减少率最大。

将置信水平设为 95%，利用 Minitab 软件对该趋势进行回归计算后，发现该趋势更符合二项式回归的趋势。回归方程式如下：

$$Y = 6.063 + 1841X - 11207X^2 \tag{4-1}$$

式中　Y——去除率,%；

　　　X——碳酰肼添加量（质量分数）,%。

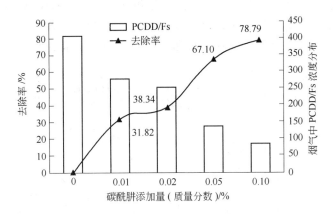

图 4-3　添加碳酰肼对二噁英类生成的影响

对回归方程与原数据进行了拟合，拟合图如图 4-4 所示，两者相关系数 R^2 为 96.9。并对其方程式进行方差分析，P 值为 0.31，表明该关系式成立（$P <$ 0.05）。对方程式（4-1）求导，计算出当碳酰肼添加量（质量分数）为 0.082% 时，二噁英类去除率达到最大值 82%，之后去除率出现下降趋势。通过该趋势预测，表明抑制剂对烧结过程中二噁英类生成的抑制作用是有限的，要实现工程应用，并且避免带来二次污染，还需找到最佳添加量。

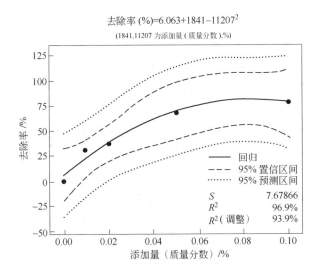

图 4-4　拟合线图

4.3.2.2　添加尿素对烟气中二噁英类等污染物排放的影响

图 4-5 所示为添加尿素对二噁英类生成的影响。可以看出，加入 0.01%，0.02%，0.05%，0.1% 尿素（质量分数）后，二噁英类的毒性当量排放浓度分别为 189.85，132.49，173.07，179.27（浓度单位），与未加尿素时 410.7（浓度单位）相比，分别减少了 53.77%，67.74%，57.86%，56.35%，抑制效果显著。在添加量（质量分数）为 0.02% 处，二噁英类减排率最大。

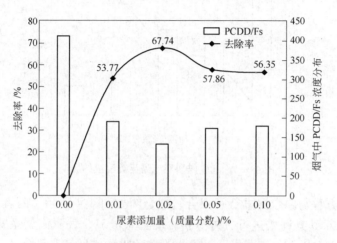

图 4-5   添加尿素对二噁英类生成的影响

该结果与 Anderson 等人[72] 所开展的实验结果类似。他们认为固体尿素的最优添加比例在 0.02% ~ 0.025% 之间。增加尿素添加量后，二噁英类的抑制效果并没有增加。然而龙红明[120] 在他们的研究中发现，当添加 0.05% 的尿素时，二噁英类浓度减少了 63.1%，并且随着尿素添加量的增加，二噁英类的抑制效果仍然不断增加，当尿素添加量为 0.1% 和 0.5% 时，二噁英类的生成分别减少了 66.8% 和 72.1%。显然，尿素对与烧结过程中二噁英类的抑制作用是很明显的，然而对于尿素的添加量以及尿素抑制作用的规律还存在争议，尚需大量的数据支持。

4.3.2.3　添加尿素和碳酰肼对烟气中二噁英类同类物排放的影响

图 4-6 所示为尿素和碳酰肼对 7 种 2，3，7，8-PCDDs 的抑制效果。其中图 4-6（a）为尿素对 PCDDs 的抑制效果；图 4-6（b）为碳酰肼对 PCDDs 的抑制效果；图 4-6（c）为尿素对 PCDDs 的抑制效果在 TEQ 值上的体现；图 4-6（d）为碳酰肼对 PCDDs 的抑制效果在 TEQ 值上的体现。图中柱状图代表添加不同配比的抑制剂后，相对于不加抑制剂的实验，烧结烟气中 7 种 2，3，7，8-PCDDs 的减少量，从而直接反映出抑制剂以及抑制剂的添加量对烧结过程中二噁英类生成的抑制作用。

从图4-6（a）和图4-6（b）可以看出，尿素和碳酰肼对于低氯代的PCDDs的抑制效果都不是非常明显。然而随着添加量的增加，碳酰肼对低氯代PCDDs的抑制作用有逐渐增加的趋势，而尿素则没有这种趋势。对于高氯代PC-DDs，如1，2，3，4，6，7，8-HpCDD和OCDD，两者都表现出相对较强的抑制作用，尤其是1，2，3，4，6，7，8-HpCDD，碳酰肼还表现出比较明显的随添加量的增加，抑制效果也随之增加的特点。但是可以看到，对于OCDD两者的抑制行为存在明显的区别。当尿素投加量为0.01%时，烟气中的OCDD不但没有减

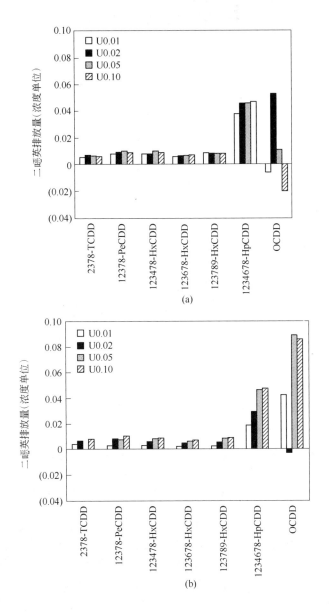

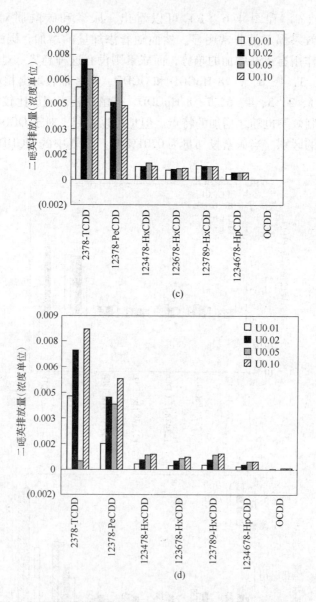

图 4-6 尿素和碳酰肼对 7 种 2，3，7，8 - PCDDs 的抑制效果

（a）尿素对 PCDDs 的抑制效果；（b）碳酰肼对 PCDDs 的抑制效果；（c）尿素对 PCDDs 的
抑制效果在 TEQ 值上的体现；（d）碳酰肼对 PCDDs 的抑制效果在 TEQ 值上的体现

少，甚至有所增加，表现为 OCDD 的减少量为一负值。随着尿素投加量的增加，
对 OCDD 的抑制作用明显增加，然而当继续增加尿素含量时，OCDD 的抑制作用
迅速降低，到尿素配比增加至 0.1% 时，OCDD 含量出现了大幅增加。这种现象
也在碳酰肼的抑制实验中被发现，不过没有这样明显。添加碳酰肼后，OCDD 的

排放浓度明显降低，但是继续增加碳酰肼的投放量，也出现与尿素抑制剂同样的效果，OCDD 浓度不降反升。不过当继续增加碳酰肼投加量后，抑制作用又表现得非常明显。造成这种现象的原因还没有得到很好的解释。

从对 2，3，7，8-TCDD 和 1，2，3，7，8-PeCDD 抑制效果来看，碳酰肼对低氯代 PCDDs 的抑制作用基本上还是随着添加量的增加而增加。然而随着添加量的增加，碳酰肼对 PCDDs 的抑制作用的增加幅度逐渐降低。值得注意的是，当碳酰肼添加量达到 0.5% 时，碳酰肼对 TCDD 的抑制作用大幅度减少，继续增加添加量后，对 TCDD 的抑制作用又明显增加。与碳酰肼不同，尿素投加量的增加对 2，3，7，8-TCDD 和 1，2，3，7，8-PeCDD 生成的抑制作用都是先扬后抑。当尿素投加量增加至 0.2% 时，对 2，3，7，8-TCDD 的抑制作用出现峰值。对于1，2，3，7，8-PeCDD，当尿素投加量增加至 0.5% 时，抑制作用才达到最大值。龙红明等人[120]在研究中也发现部分二噁英类同类物的排放呈现出先减少后增加的趋势，当加入 0.5% 尿素后，PCDD/Fs 的排放浓度反而超过或接近未加尿素时的排放浓度。然而与本书不同的是出现这种现象的 PCDD 同类物为 2，3，7，8-T_4CDD、1，2，3，7，8-P_5CDD、1，2，3，7，8，9-H_6CDD。Addink 等人[122]在针对垃圾焚烧飞灰的抑制实验中，发现在添加抑制剂后，一些低氯代同类物出现了波动。并且认为引起这种变化的原因是金属离子对氯化反应的催化能力减弱造成的。Xhrouet 等人[123]在 325℃ 下向烧结飞灰中添加 TEA（三乙醇胺 triethanolamine）和 MEA（单乙醇胺 monoethanol amine）的实验中，也发现低氯代 PCDD 的生成被抑制，而高氯代 TCDD，如 OCDD 出现了不同程度的增加。在解释这种现象时，Xhrouet 认为添加抑制剂后，PCDD/Fs 的氯化反应或者催化脱氯反应都被抑制了。由于 Cu 以及 Fe_2O_3 同样也可对 PCDD/Fs 发生脱氯反应/氢化反应有催化作用，不加抑制剂时，这些脱氯催化剂 PCDD/F 导致脱氯反应的发生。添加抑制剂后，由于脱氯催化剂的中毒，使得脱氯反应受到抑制。

此外，碳酰肼和尿素对 10 种 2，3，7，8-PCDFs 的抑制效果如图 4-7 所示。其中图 4-7（a）所示为尿素对 PCDFs 的抑制效果；图 4-7（b）所示为碳酰肼对 PCDFs 的抑制效果；图 4-7（c）所示为尿素对 PCDFs 的抑制效果在 TEQ 值上的体现；图 4-7（d）所示为碳酰肼对 PCDFs 的抑制效果在 TEQ 值上的体现。从碳酰肼对 PCDFs 同类物的抑制效果（图 4-7（b））可以看出，碳酰肼对 PCDF 同类物的抑制作用比对 PCDD 同类物的抑制作用要明显，除 1，2，3，4，7，8，9-HpCDF 和 OCDF 外，对各 PCDF 同类物的生成都有抑制作用。相比之下，在实验范围内，投加同样量的尿素对 PCDF 同类物的抑制作用变化不大（图 4-7（a））。而碳酰肼明显随着投加量比例的增加，对 PCDFs 生成的抑制作用也不断增加。然而两者都对 1，2，3，4，7，8，9-HpCDF 和 OCDF 的抑制作用不明显。当添加0.1% 的尿素时，OCDF 甚至出现了很大的负增长。

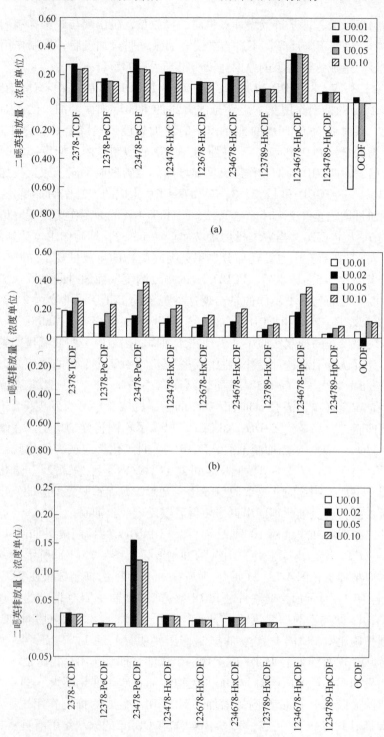

(a)

(b)

(c)

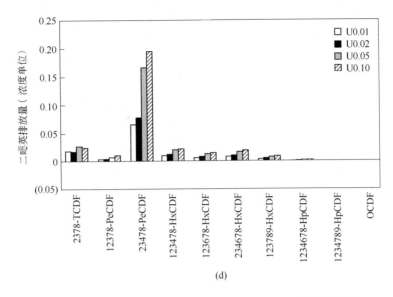

(d)

图 4-7 尿素和碳酰肼对 10 种 2，3，7，8-PCDFs 的抑制效果

（a）尿素对 PCDFs 的抑制效果；（b）碳酰肼对 PCDFs 的抑制效果；（c）尿素对 PCDFs 的
抑制效果在 TEQ 值上的体现；（d）碳酰肼对 PCDFs 的抑制效果在 TEQ 值上的体现

同样，两者都对 2，3，4，7，8-PeCDF 表现出明显的抑制作用，随碳酰肼投加量的增加而逐渐增加，而随着尿素投加量的增加出现先升后降的趋势。通过上述分析可以看出，抑制剂对于 17 种 2，3，7，8-PCDD/Fs 存在不同的抑制作用，然而应重点关注对于毒性更大的 PCDD/Fs 同类物的抑制作用。

4.3.2.4 添加氨基类抑制剂对烟气中 NO_x、SO_2 排放的影响

添加氨基类抑制剂，最可能引起争议的是对环境是否造成二次污染，龙红明等人[120]在进行投加尿素实验时，发现当加入 0.05% 尿素时，未检测出有氨气排放，当尿素配比为 0.1% 和 0.5% 时，排放浓度分别达到了 0.07mg/m³ 和 0.11mg/m³，因此，他们提出 0.05% 为尿素的最佳配比。Corus 集团[72]也对投加尿素后烟气中的氮氧化物浓度进行了监测，发现投加 0.02%～0.025% 范围内的尿素，烟气中氮氧化物的浓度变化不明显。因此，在进行抑制剂实验时，必须对烧结烟气进行监测，以避免二次污染的产生。本书利用 VARIO Plus 型增强式烟气分析仪（德国 MRU 公司），对烧结过程中的烟气成分进行了监测。

图 4-8 所示为烧结过程中的温度曲线，在烧结工艺中是最重要的控制参数，通过温度曲线可以计算烧结时间，并对烧结过程进行监控。从图 4-8（a）中可以看出，包括未加尿素的实验在内的所有实验的烧结过程都非常吻合，表明该系列实验满足平行实验的要求，是考察抑制剂对烧结过程 PCDD/Fs 的抑制作用的前提条件。对于碳酰肼系列实验，如图 4-8（b）所示，烧结过程出现升温的时间

略有差异，但也在 1min 之内，基本满足实验要求。并且通过对烧结其他参数：烧结矿产率、转股强度、平衡系数等的考察（表 4-3），也说明该系列实验数据符合质量控制要求。

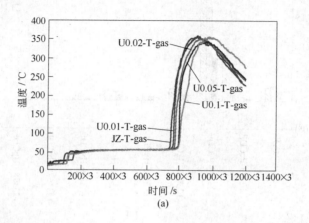

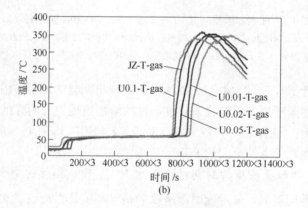

图 4-8　烧结温度曲线

（a）添加尿素实验；（b）添加碳酰肼实验

图 4-9 所示为两系列实验过程中，烧结烟气中 NO_x 浓度的变化情况。如图 4-9（a）所示，可以看出当尿素添加配比为 0.02% 时，烟气中 NO_x 的浓度与未加尿素实验（JZ 实验）值接近。随着尿素添加量的增加，烧结烟气中 NO_x 的浓度有增加的趋势，并超过了基准值。该结论与 Corus 集团[72]的研究成果一致，但是却低于龙红明等人[120]提出的 0.05% 的最佳投加量。

与尿素不同，增加碳酰肼的投加量对烟气中 NO_x 浓度的影响不大。这可能是由于在 400℃ 以上的中高温区，肼类物质在氧原子作用下会迅速分解，生成大量 NH_2、NH 和 OH 等基团[124]，对 NO 有非催化还原能力。而尿素在 450℃ 以上时，高温热解产物是 NH_3 和 CO_2[125]。在相同条件下 NH_3[124]反应很弱，仅有少量 NH

和 OH，未观测到 NH$_2$，因此肼类物质对 NO 具有比氨更好的非催化还原能力。投加碳酰肼后，烟气中 NO$_x$ 浓度没有增加的另一个原因很可能是由于碳酰肼直接在高温下遇氧燃烧分解成 N$_2$、CO$_2$ 和 H$_2$O，而不会增加 NO$_x$ 浓度。

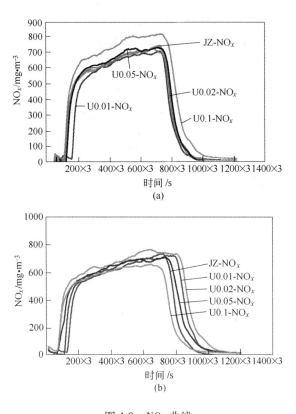

图 4-9　NO$_x$ 曲线

（a）添加尿素实验；（b）添加碳酰肼实验

图 4-10 所示为烧结过程中烟气 SO$_2$ 浓度的变化趋势，可以看出两者对烟气中 SO$_2$ 的影响都很小。烧结过程中 SO$_2$ 出现的主要阶段是在烧结过程后段。尿素实验过程中，在烧结初始，也观察到了 SO$_2$。对应到实际烧结机床上，则 SO$_2$ 出现在烧结机机头以及靠近机尾的部分。该现象与本书在现场所得实测值相符。

4.3.3　抑制机理讨论

4.3.3.1　尿素和碳酰肼在烧结过程中的高温分解行为

尿素和碳酰肼都是含氨基化合物。尿素熔点为 132.5℃，在超过 132℃ 时，尿素 [CO（NH$_2$）$_2$] 开始融化，在缓慢加热时生成双缩脲（C$_2$H$_5$N$_3$O$_2$）和氨气（NH$_3$），温度超过 193℃，发生分解反应，生成氰酸（HOCN）和氨气。而快速

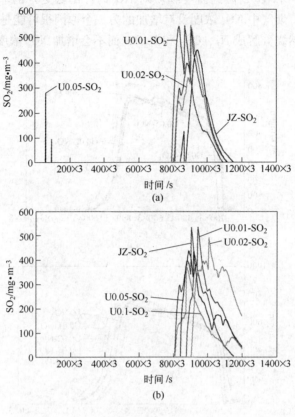

图 4-10   SO$_2$ 曲线

(a) 添加尿素实验；(b) 添加碳酰肼实验

加热时，生成三聚氰酸 [C$_3$N$_3$(OH)$_3$] 和氨气，当持续快速加热也生成氰酸和氨气[126]。在无氧条件下，温度升至 600~800℃ 左右后尿素完全分解为氰酸和氨气，在有氧条件下，氰酸于 600℃ 开始氧化分解，NH$_3$ 在 900℃ 时开始氧化分解，最终被氧化成 NO[125]。在烧结干燥预热带中，温度上升开始时慢，后逐渐加快，因此，上述反应都有可能发生[120]。

碳酰肼（carbohydrazide，CHZ）属于肼的衍生物，为白色细短柱状晶体或白色结晶粉末，熔点与纯度有关，一般在 154~158℃ （熔融时分解），极易溶于水，具有很强的还原性，广泛用作锅炉水除氧剂，化工合成中间体、金属的钝化剂等。

在中高温烟气中，可能发生如下反应：

分解反应：

$$CH_6N_4O \longrightarrow 2N_2 + H_2O + CH_4 \tag{4-2}$$

氧化反应：

$$CH_6N_4O + 2O_2 \longrightarrow 2N_2 + 3H_2O + CO_2 \tag{4-3}$$

官贞珍等人[127]对碳酰肼在氮气和空气气氛下的分解规律进行了研究，结果表明，碳酰肼显著分解的温度是在 200℃，在 400℃ 左右，碳酰肼基本分解完毕。因此，在烧结过程中，碳酰肼会被彻底氧化分解，产物是 N_2、H_2O 和 CO_2，因此不会增加烧结尾气中 NO_x 的含量。但是从另一个角度来说，由于碳酰肼的氧化分解，使得一部分抑制剂造成了浪费，这也解释了必须逐渐增加碳酰肼的投加量，才能提高抑制效果。

4.3.3.2 碳酰肼和尿素的抑制行为

在第 1 章以及第 3 章中，我们已经充分讨论了烧结过程中二噁英类的形成机理，归纳起来，二噁英类在烧结过程中主要经由以下两种途径生成：

（1）在烧结过程中，存在 500 ~ 800℃ 的温度带，含氯的前生体化合物，如多氯联苯（PCBs）、氯酚、氯苯等在燃烧过程中，或伴随 Ullmann 反应条件（碱性环境），在 $CuCl_2$[48]的催化作用或者由于飞灰表面催化作用，形成 PCDD/Fs。

（2）在烧结料床中 250 ~ 500℃ 的温度区间，大分子碳（所谓的残碳）和有机或无机氯经某些具有催化性的成分（Cu、Fe 等过渡金属或其氧化物）催化生成 PCDD/Fs[50,128,129]。该反应可以概括如下：

$$Cl + Hydrocarbon \xrightarrow{Cu^{2+}} Hydrocarbon - Cl + O_2 \longrightarrow CO_2 + PCDD/Fs \tag{4-4}$$

烧结过程中最可能生成二噁英类的部位[63,130]为烧结料床中最靠近燃烧层火焰前缘的干燥层和预热层。该区域温度为 200 ~ 650℃。随着烧结的进行，火焰前缘会逐渐向烧结床底部靠近。一些已经生成的高氯代二噁英类被高温分解，或者发生脱氯反应，而低氯代二噁英类在被分解前，一部分发生气化随烟气向下移动，又发生冷凝被吸附在过湿层中，直到接近烧结床底部，才被释放到排放烟气中。Harjant[131,132]认为 PCDD/Fs 很容易被一些多孔物质如碳或飞灰颗粒吸附，从而可以提供足够的脱氯反应时间。

从上述分析可以看出，Cl_2 以及 Cu、Fe 等过渡金属催化剂是影响二噁英类生成的重要因素。Cl_2 主要经由 Deacon 反应（式（4-5））生成[122,133,134]。Deacon 反应主要经由反应（式（4-6））和反应（式（4-7））完成。

$$2HCl + \frac{1}{2}O_2 \xrightleftharpoons{Cu} H_2O + Cl_2 \tag{4-5}$$

$$2Cu + \frac{1}{2}O_2 \longrightarrow Cu_2O \tag{4-6}$$

$$Cu_2O + 2HCl \longrightarrow 2Cu + H_2O + Cl_2 \tag{4-7}$$

碳酰肼和尿素都呈弱碱性，在加热过程中形成的一些化合物对 HCl 脱除有利，减少了从头反应所需的氯源。此外，碳酰肼和尿素以及尿素的热分解产物 NH_3 带有孤对电子的分子，如含氮的分子，可与 Cu，Fe 及其他过渡金属反应形成稳定的 Cu - 氮化合物（图4-11），从而降低催化形成二噁英类的可能性。

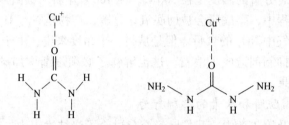

图4-11 铜与尿素和碳酰肼形成的化合物结构

尿素在分解过程中的中间产物含有 NH_3，NH_3 不仅能和 HCl 反应减少 Cl_2，而且还可以与 Cu 等过渡金属形成 Cu - 氮化合物。因此当投加浓度小于 0.02%（质量分数）时，尿素对二噁英类的抑制效果明显优于碳酰肼。而当投加浓度增加至 0.05%（质量分数）碳酰肼的用量超过了初期损耗量后，碳酰肼的抑制效果则优于尿素，这可能与碳酰肼能迅速分解出大量 NH_2、NH 等含氮基团有关。

4.3.4 增量成本估算

作为烧结烟气净化技术，其目的是选取经济合理、操作维护容易、可推广应用的技术。因此对运行时的增量成本进行估算有利于该技术的推广和应用。

增量成本估算依据：根据实验结果，当投加 0.02%（质量分数）的尿素时，二噁英类的生成量最低，并达到 67.74% 以上，然而继续增加尿素的投加量，二噁英类生成量的减少幅度不能得到显著增加，因此本次核算，以投加 0.02%（质量分数）的尿素为准。同时，为了更好地比较投加碳酰肼为抑制剂时的增量成本，选择碳酰肼投加比例为 0.05%，此时也可减少 67.1% 的二噁英类生成。核算后结果见表4-4。

表4-4 二噁英类抑制生成技术运行增量成本估算

抑 制 剂	尿 素		碳酰肼
二噁英类抑制效果（实验值）/%	53.77	67.74	63.1
市场价/元·吨$^{-1}$	2500	2500	80000
投加量（吨烧结矿，质量分数）/%	0.010	0.020	0.050
投加量（吨烧结矿，质量分数）/%	0.012	0.024	0.060
抑制剂消耗成本/元·（吨烧结矿）$^{-1}$	0.30	0.60	48.00

抑 制 剂	尿 素		碳酰肼
电消耗/元·（吨烧结矿）$^{-1}$	0.11	0.22	0.55
水/元·（吨烧结矿）$^{-1}$	0.03	0.06	0.15
运行成本合计/元·（吨烧结矿）$^{-1}$	0.44	0.88	48.7

增量成本估算中主要考虑了抑制剂的消耗和水电等能源介质的消耗量，没有考虑人工成本。从表 4-4 中可以看到，由于碳酰肼的单价比尿素单价要昂贵很多，投加量也比尿素的投加量大，因此如果选用碳酰肼作为抑制剂，如果要将去除率达到 63.1%，其运行成本将高达 48 元/（吨烧结矿），而选用尿素为抑制剂时，去除率在 53.77% 时，所增加的运行成本仅为 0.44 元/（吨烧结矿），去除率在 67.74% 时，运行成本增加 0.88 元。因此，从经济角度考虑，选用尿素作为二噁英类生成的抑制剂，更加合适，但是必须对尿素的添加量严加控制，以避免造成新的二次污染。

4.4 本章小结

（1）碳酰肼对二噁英类生成的抑制效果明显，随着碳酰肼投加量的增加，对二噁英类的抑制作用逐渐增加，两者关系符合二次多项式曲线，相关系数 R^2 为 0.969，说明碳酰肼的抑制作用存在最大值。通过方程预测出当碳酰肼投加 0.082%（质量分数）时，二噁英类排放浓度减少量最大为 82%。

（2）尿素对二噁英类的生成也有显著的抑制作用，加入 0.02% 尿素后，对二噁英类生成的抑制作用最大，二噁英类排放浓度减少至 67.74%，继续增加尿素的投加量，对二噁英类的抑制作用没有显著增加。

（3）两者对二噁英类同类物的抑制效果不同，对低氯代二噁英类抑制效果明显，对高氯代二噁英类如 OCDD、1，2，3，4，7，8，9-HpCDF 和 OCDF 抑制效果不明显。

（4）当投加量小于 0.02% 时，碳酰肼对二噁英类的抑制作用不如尿素，当投加量大于 0.02% 后，碳酰肼的抑制作用要高于尿素。可能是由于碳酰肼的氧化分解作用会造成的一部分碳酰肼的浪费。

（5）考虑运行的增量成本，尿素仍然为首选的抑制剂材料。估计添加 0.01% 的尿素，每吨烧结矿成本的增加幅度在 0.44 元左右，可减少 53.77% 左右的二噁英类排放。

5 热风烧结条件下二噁英类的生成规律

5.1 概述

　　热风烧结技术是国内外学者于 20 世纪 90 年代开展的均质烧结技术相关研究中的一项重要的工艺方法。该方法是在点火之后烧结机首部 1/3 的长度上，往料面喷加具有一定温度的热空气或热废气，对烧结料上层进行辅助烧结的方法。其工艺机理在于利用烧结矿热空气或热废气的物理热来替代部分固体燃料的燃烧热，使料层温度分布更加均匀，能够明显改善料层上部供热不足的状况，延长高温保持时间，促进铁酸钙的形成，提高成品率，并具有改善表层烧结矿强度的作用，其适合温度通常为 200~300℃[135,136]。由于热风烧结减少了固体燃料的用量，同时还可以利用环冷机或者烧结机本身的中低温热废气，因此还是一项节能减排的环保技术。

　　目前热风循环技术已经逐渐受到人们的重视。如烧结工艺废气优化技术（the emission optimized sintering process，以下简称 EOS）[32,137]，环保烧结优化工艺（environmental process optimized sintering，EPOSINT）[138]，以及低排放节能烧结工艺（low emission and energy optimized sintering process，LEEP）[139]。

　　EOS 工艺于[32] 1994 年被开发出来，主要目的是减少烧结废气中 SO_2、NO_x 和 PCDD/Fs 的排放，并在荷兰的 Hoogovens 烧结厂实施。由于减少了大量废气的排放，因此获得非常好的减排效果，大约有 63% 的二噁英类通过烧结过程的热分解作用被去除，而对烧结矿质量没有任何不利影响。循环废气中的 CO 还可以进一步降低燃料的消耗。在这个技术的基础上，西门子奥钢联和林茨钢铁厂开发了新的废气循环技术——EPOSINT 技术，将烧结对环境的影响降到最低[78,138]。利用这种选择性废气循环系统，烧结过程中产生的废气可大幅度减少，而废气中的显热得到回收利用，从而降低了燃料单耗。该工艺还可以减少 SO_x 和 NO_x 的排放，并且废气中的二噁英类含量以及汞含量都得到了大幅降低，同时还减少了焦粉的消耗。可去除大约 30% 左右的污染物，而烧结矿质量不变。LEEP 工艺是由德国杜伊斯堡的 HKM（Huttenwerke Krupp Mannesmann GmbH）公司开发的，其目的也是为了减少废气的排放和能源的消耗[139]。该工艺的核心是烧结废气的高温部分循环回烧结工艺，在不影响烧结矿质量的前提下，减少污染物的排放，同时还可以减少固体燃料消耗。尽管上述工艺技术的效果非常鼓舞人心，然而，通入热风后，烧结过程的温度带发生变化，很可能会对烧结烟气中污染物的排放造成一定的影响，如二噁英类有机污染物。目前关于在循环烧结条件下，各种控制参数对二噁英类生成影响的研究还未见报道。

Chen[140]等人利用烧结锅实验，研究了烧结工艺的运行参数对二噁英类生成的影响。他们应用田口实验设计，对烧结参数进行了优化，获取了减少二噁英类生成的最佳操作条件。主要考察的烧结运行参数包括混合料水分、烧结负压、床层高度，以及铺底料类型。研究发现，相对于以实际工厂烧结运行参数进行的实验，采用最优运行参数可以减少62.8%左右的二噁英类排放量。通过方差分析（ANOVA analysis），发现混合料中含水率是影响二噁英类生成的最显著参数。然而这些实验是在没有考虑废气循环条件下进行的，一旦引入废气循环，一些在传统烧结工艺条件下不会发生变化的参数，如循环废气的温度、含氧量则成为循环烧结需要加以控制的重要运行参数，而这些参数与二噁英类的生成也密切相关。因此对废气循环条件下二噁英类的排放还需进一步研究。

为此，本研究对烧结锅中试装置进行了改进，开发了带有热风发生装置的烧结锅中试实验装置，以模拟通入热循环废气下的烧结过程。着重考察了在热废气循环条件下烧结运行参数对二噁英类生成的影响，并且尝试通过改变烧结工艺的一些条件，达到减少二噁英类排放的目的。

5.2 实验部分

5.2.1 实验材料及实验装置

实验中烧结混合料主要由铁矿粉（65.4%）、焦粉（3.7%）、生石灰（2.9%）、石灰石（4.2%）、蛇纹石（0.8%）、白云石（2.5%）组成（质量分数）。混合原料粒径为1.98~2.50mm。其中焦粉含量根据实验需求，调整配比。

为了模拟实际废气循环下的烧结过程，开发了热风发生装置，如图5-1所示。装置主要由三个部分组成——可以旋转移动的热风分配器部分、热风发生部分以及热风气体成分控制部分。要产生热风时，首先靠热风发生部分的烧嘴，燃烧焦炉煤气（COG）以加热空气，生成热风；热风温度依靠热风气体成分控制部分的煤气流量调节阀调节煤气流量，控制热风温度。气体成分控制部分还可以通过控制进入热风中的氧气流量和氮气流量来调整热风中的含氧量；热风生成后通过热风管进入热风分配部分的热风罩，再被吸入烧结锅中，作为烧结过程的模拟热废气来源。热风罩内装有气体分配器，目的是使热风均匀分布。

模拟热废气循环烧结锅实验装置如图5-2所示。该装置的烧结锅部分与第4章第2节介绍的烧结锅实验装置一样，只是新增了热风发生装置。并在热风出口处增加氧气分析仪及热电偶，以得到进入烧结锅模拟废气的准确组分。

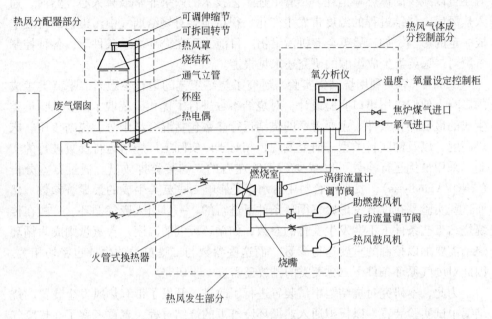

图 5-1　热风发生装置

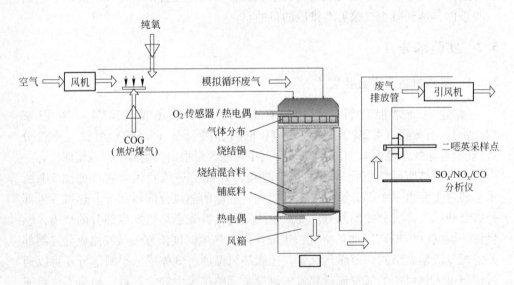

图 5-2　模拟热废气循环烧结锅实验装置

5.2.2　实验方法及样品采集

与普通烧结锅实验不同的是，首先需要进行模拟废气的准备。由于使用焦炉煤气燃烧，因此必须注意安全，要严格遵守现场操作安全注意事项，同时按照作业指导书规范作业。具体操作方法如下：

（1）开启热风鼓风机，将流量设为中挡，以吹走残留在管道内的煤气；

（2）20s后，将气体流量调至低挡，开启热风煤气点火装置，当煤气燃烧稳定后，逐渐增大气体流量至实验用气体流量；

（3）此时根据实验要求，调整煤气流量，使热风温度达到设定要求。调整进入热风管道的氧气流量，使热风含氧量达到实验设定要求；

（4）当烧结混合料装入烧结锅后，开启烧结助燃风机，打开点火炉，当点火炉温度上升至1000℃左右时，开启烧结锅主抽风机，将点火炉移至烧结锅上方开始点火，此时开启烧结尾气采样设备以及气体成分监测设备；

（5）点火时间为2min，点火结束后，迅速移开点火炉，将热风罩移至烧结锅上方，依靠烧结主抽风机，将热风吸入烧结锅进行烧结；

（6）通热风时间可根据实验调整，本研究中，热风时间不作为调整参数，固定为10min，时间到后，将热风罩移开，关闭煤气后，继续保持热风鼓风机为开启状态20s左右，随后逐渐调小热风气体流量至最低挡，关闭热风鼓风机；

（7）当废气温度升至最高并出现降温趋势后，此时即为烧透点温度，关闭尾气气体采集装置，收集后送至实验室进行分析。此时烧结锅处于降温阶段；

（8）当烧结尾气温度（烧结锅正下方，接近烧结锅底部温度）降至100℃后，关闭烧结主抽风机，继续冷却至室温后，将烧结矿倒出，进行烧结矿各项指标分析。

5.2.3 实验参数与样品分析

烧结锅实验条件见表5-1。

表5-1 烧结锅实验条件

烧结工艺参数	烧结工艺条件
造粒	60s混匀 + 180s加水混合使混合料制成小球，混合机滚筒直径1m
点火	890℃ ×120s
点火负压	8.83kPa
烧结负压	14.71kPa
烧结混合料水分	7.2%

有关二噁英类样品分析的实验材料与分析方法见第2章第2节，烧结矿各种性能分析见第4章第2节。

5.2.4 实验设计

实验设计方法对产生或形成最佳方案起着关键的作用。实验设计的两个基本目的是：一是明确哪些自变量 x 显著地影响 y，二是找到 y 与 x 间的关系式，从而进一步找出自变量 x 取什么值会使 y 达到最佳值。本实验设计了四因素三水平的正交实验（也称田口实验设计）的 9 组实验。考察 4 个因素：热风温度（该因素与含氧量及焦粉配比呈一一对应关系，可作为因素 1）、料层厚度（因素 2）、生石灰质量（因素 3）、焦煤配比（因素 4）对烧结过程中二噁英类排放量以及烧结生产率、燃料单耗和转鼓指数的影响。利用 Minitab 统计分析软件对实验结果进行分析。

正交实验设计方案见表 5-2。

表 5-2　正交实验表

序　号	实验编号	因素 1	因素 2	因素 3	因素 4
1	BC－01	1	1	1	1
2	BC－02	1	2	2	2
3	BC－03	1	3	3	3
4	BC－04	2	1	2	3
5	BC－05	2	2	3	1
6	BC－06	2	3	1	2
7	BC－07	3	1	3	2
8	BC－08	3	2	1	3
9	BC－09	3	3	2	1

实验参数设定见表 5-3。其中生石灰质量以 CaO 含量表示（质量分数），3 个实验水平分别为 72%、82%、92%；焦煤配比的 3 个实验水平分别为焦粉（全部采用焦粉）、焦煤（焦粉 60% + 煤粉 40%）、煤粉（全部采用焦粉）。其余参数见表 5-3。

表 5-3　烧结实验参数设定

序号	实验编号	因素 1			因素 2	因素 3	因素 4
		烟气温度/℃	含氧量/%	焦粉配比/%	料层厚度/mm	生石灰/%	固体燃料配比
1	BC－01	200	19	3.31	680	72	焦粉
2	BC－02	200	19	3.31	750	82	焦煤
3	BC－03	200	19	3.31	850	92	煤粉
4	BC－04	300	18	3.12	680	82	煤粉
5	BC－05	300	18	3.12	750	92	焦粉
6	BC－06	300	18	3.12	850	72	焦煤
7	BC－07	400	17	2.93	680	92	焦煤
8	BC－08	400	17	2.93	750	72	煤粉
9	BC－09	400	17	2.93	850	82	焦粉

按照上述正交实验表进行了 9 组实验，每组实验进行 2 到 3 次的平行实验。对该实验数据结果利用 Minitab 统计软件进行分析，根据正交实验结果结合烧结厂实际情况，调整因子数值进行实验，进行单因素实验，选择最佳的实验结果。正交实验结果分析见本章第 3 节。调整后实验参数设定如表 5-4 所示。

烧结锅实验参数的设定见表 5-4。

表 5-4 烧结锅实验参数设定

参 数	水 平					
热风温度/℃	20	150	190	240		
热风氧含量/%	19	21	22	23.7		
焦粉配比（质量分数）/%	2.60	2.67	2.72	3.00	3.20	3.60
生石灰品质（以 CaO 计，质量分数）/%	72			92		

5.3 结果与讨论

5.3.1 正交实验结果及分析

5.3.1.1 对 PCDD/Fs 排放的影响

9 组实验烟气中 PCDD/Fs 排放如表 5-5 所示。由于故障导致采样失败，不能取得数据的用 NA 表示，至少保证每一个实验有两个平行样。取其平均值进行统计分析。

表 5-5 烟气中的 PCDD/Fs（浓度单位）

试样编号	1	2	3	平均值
BCJZ	0.47	0.48	0.49	0.48
BC01	0.30	0.30	0.42	0.34
BC02	0.31	0.29	0.32	0.31
BC03	0.23	0.23	NA	0.23
BC04	0.43	NA	0.33	0.38
BC05	0.25	0.27	0.23	0.25
BC06	0.50	0.45	0.39	0.45
BC07	0.20	0.25	NA	0.22
BC08	0.45	0.38	0.35	0.39
BC09	0.28	0.39	0.39	0.35

为观察各参数对减少 PCDD/Fs 排放的影响，统计分析过程中，选择"望小"对数据结果分析，并由于因素中有非数值水平的描述，因此不进行线性模型分

析。主要观察各参数对响应值的定性影响。信噪比的主效应图如图 5-3 所示。

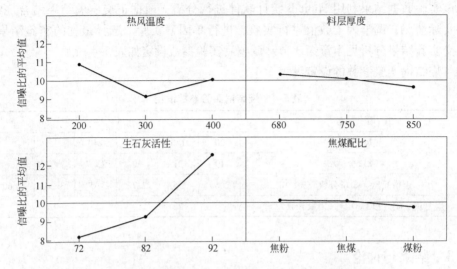

图 5-3   各参数对响应值 PCDD/Fs 的主效应图（信噪：望小）

从图 5-3 可以看出，生石灰活性和热风温度对减少 PCDD/Fs 的作用最大，料层厚度和焦煤配比对二噁英类排放的影响都不显著。四种因素对减少 PCDD/Fs 排放的作用从高到低依次为：生石灰活性 > 热风温度 > 料层厚度 > 焦煤配比。当温度为 200℃、生石灰活性最高（含 92％CaO）、料层 680mm、全部采用焦粉时，有望得到最低的 PCDD/Fs 排放。

5.3.1.2 对转鼓指数的影响

表 5-6 为各实验条件下获得的烧结矿的转鼓指数。图 5-4 所示为统计分析后，得到的各参数对转鼓指数的影响水平。

表 5-6   烧结矿转鼓指数   （％）

实验编号	1	2	3	平均值
BCJZ	56. 09	56. 96	NA	56. 53
BC01	59. 57	59. 13	57. 17	58. 15
BC02	60. 87	61. 74	61. 52	61. 195
BC03	60. 00	59. 13	NA	59. 57
BC04	60. 22	60. 22	61. 52	60. 87
BC05	59. 57	58. 91	NA	59. 24
BC06	57. 83	59. 57	58. 48	58. 70
BC07	60. 00	61. 30	58. 70	59. 35
BC08	61. 96	60. 87	61. 74	61. 31
BC09	59. 35	56. 96	60. 65	60. 00

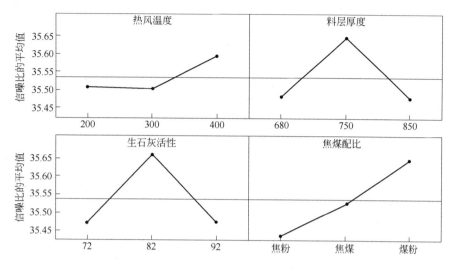

图 5-4　各参数对响应值转鼓指数的主效应图（信噪：望大）

从图 5-4 可以看出，在 200～400℃ 的温度区间内，虽然增加热风温度转鼓指数也增加，然而相对于其他 3 个参数影响不显著，而料层厚度和生石灰活性对烧结矿转鼓指数的影响显著，然而两者都是在中间位获得最大值。采用煤粉有利于转鼓指数的增加。

5.3.1.3　对生产率的影响

表 5-7 为各实验条件下的烧结生产率。图 5-5 所示为统计分析后，得到的各参数对烧结生产率的影响水平。

表 5-7　烧结矿生产率　　　　　　　　　$(t/(m^2 \cdot h))$

实验编号	1	2	3	平　均
BCJZ	1.500	1.439	NA	1.470
BC01	1.402	1.452	1.416	1.434
BC02	1.472	1.589	1.463	1.468
BC03	1.513	1.530	NA	1.522
BC04	1.441	1.314	1.353	1.334
BC05	1.491	1.464	NA	1.478
BC06	1.190	1.195	1.282	1.192
BC07	1.493	1.546	1.524	1.509
BC08	1.146	1.225	1.279	1.252
BC09	1.128	1.432	1.159	1.143

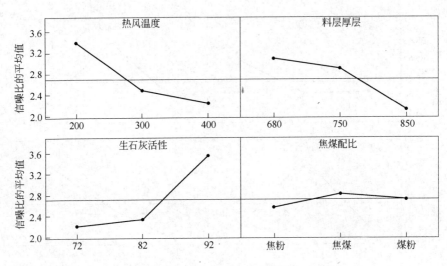

图 5-5　各参数对响应值生产率的主效应图（信噪：望大）

从图 5-5 可以看出，热风温度和生石灰活性对烧结生产率的影响最大，增加热风温度，烧结生产率下降，而提高生石灰活性，则可以提高烧结生产率。料层厚度对烧结生产率也有一定的影响，但影响程度不如热风温度和生石灰活性，厚料层会造成烧结生产率的下降。煤焦配比对烧结生产率的影响不显著。

5.3.1.4　对燃料单耗的影响

表 5-8 为各实验条件下的燃料单耗。图 5-6 所示为统计分析后，得到的各参数对燃料单耗的影响水平。

表 5-8　烧结燃料单耗　　　　　　　　　（kg/（t 烧结矿））

实验编号	1	2	3	平均
BCJZ	51.15	50.84	NA	50.99
BC01	50.15	47.00	48.15	47.58
BC02	46.61	47.41	47.18	46.90
BC03	51.52	50.82	NA	51.17
BC04	44.56	45.63	44.93	45.28
BC05	44.33	44.73	NA	44.53
BC06	44.85	45.50	44.82	45.18
BC07	42.66	42.73	42.37	42.52
BC08	42.49	42.48	42.28	42.38
BC09	43.31	42.20	42.54	42.92

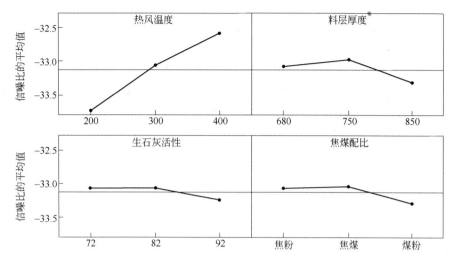

图5-6 各参数对响应值燃料单耗的主效应图（信噪：望小）

从图5-6可以看出，热风温度对燃料单耗的影响最为显著，增加热风温度能够明显降低烧结燃料单耗。生石灰活性、料层厚度和煤焦配比对烧结燃料单耗的影响都不显著。

为更加清晰判断各参数的重要性，将上述影响情况汇总，见表5-9。分别用强、次强、次弱、弱来代表各参数对各项指标的影响程度。可以看出，热风温度对于PCDD/Fs的排放以及生产率和燃料单耗有显著影响。生石灰活性对于PC-DD/Fs排放、转鼓指数、生产率影响显著。料层厚度和煤焦配比则对PCDD/Fs排放和燃料单耗影响都不显著。同时考虑到在正交实验中，将热风温度、氧含量以及焦粉配比作为固定搭配，因此在单因素实验中主要考察参数定为热风温度、氧含量、焦粉配比以及生石灰活性。

表5-9 操作运行参数对PCDD/Fs排放以及生产指标的影响汇总表

指标	热风温度	料层厚度	生石灰活性	煤焦配比
PCDD/Fs	强	弱	次强	弱
转鼓指数	次弱	强	强	弱
生产率	强	次强	强	弱
燃料单耗	强	弱	弱	弱

5.3.2 单因素实验结果及分析

5.3.2.1 热风温度对PCDD/Fs排放的影响

根据正交实验结果，当热风温度在200~400℃区间时，虽然能够显著降低燃料单耗，然而同时也降低了生产率，并且导致尾气中 PCDD/Fs 排放的增加。在生产实际中，能够被利用的废气温度都在 300℃ 以下，因此，单因素实验中，热风温度取 4 个水平：20℃、150℃、190℃ 和 240℃。图 5-7 所示为当温度变化时，尾气中 PCDD/Fs 的排放浓度变化。可以看出，PCDD/Fs 浓度随着温度的升高而升高，两者之间存在非常明显的线性关系，对其进行拟合后，相关系数 $R = 0.93$，线性方程如图 5-10 所示。当热风温度升高至 150℃、190℃ 和 240℃ 后，相对于 20℃ 时的 PCDD/Fs 排放分别上升了 34%、59% 和 52%。

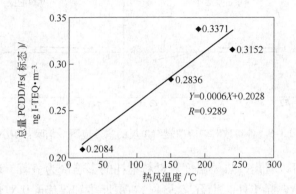

图 5-7　热风温度对 PCDD/Fs 排放的影响

　　以不通热风烧结为对比实验。当热风温度增加至 240℃ 时，烧结尾气中 PCDD/Fs 的分布并没有明显变化，如图 5-8 所示。PCDD/Fs 同类物分布的相似性，说明不同的运行条件对烧结过程中 PCDD/Fs 的生成机制没有影响，其分布符合烧结废气排放中 PCDD/Fs 的分布规律。同时也说明烧结锅实验与现场烧结生产过程的相似度很高，其研究结果对现场生产有直接的指导意义。

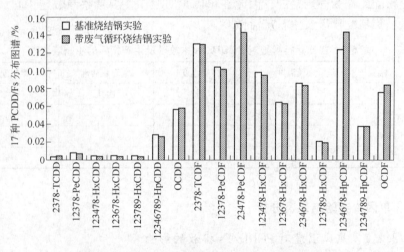

图 5-8　不同运行条件下 PCDD/Fs 同类物的分布

根据烧结原理，PCDD/Fs 在烧结过程中生成的主要部位是在燃烧带下方靠近燃烧带 10 ~ 20mm 处[2,41,126,131,139~141]。生产实际中，如果引入热废气进行烧结，废气中所含的二噁英类在经过 1000℃ 以上的燃烧带时，能够被完全分解，如图 5-9 所示。Alexander[138] 和 Eisen[139] 通过实验证实了 PCDD/Fs 能够被烧结料床的高温分解。Harjanto[131] 等人向混合料中加入 $^{13}C-O_8CCD/2378-T_4CDF$，以研究在燃烧过程中 PCDD/Fs 的分解效果。研究结果表明，PCDD/Fs 通过高温燃烧过程几乎能被完全分解。本实验进行的热风实验为模拟气体，其中不含二噁英类，说明无论热风中是否含有二噁英类，在经过燃烧带时都会被分解掉，而不会增加烧结废气中的二噁英类排放。而温度升高造成烧结过程二噁英类排放增加的原因很可能是由于热风对烧结过程中的温度分布带来了影响。

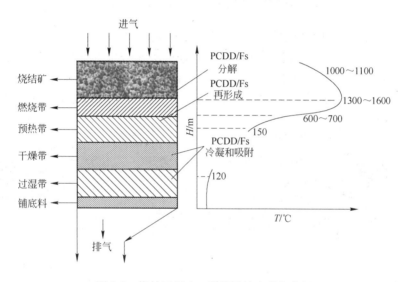

图 5-9　烧结过程中二噁英类的生成和分解

为此，我们考察了不同操作条件下，烧结过程温度曲线的变化。如图 5-10 所示。JZ 曲线为没有热风条件下的烧结温度曲线，RF 曲线为通入 240℃ 热风的烧结温度曲线。可以看出，在开始升温之前，RF 的温度要比 JZ 温度高 10℃。说明当引入热风后，烧结过程的温度分布发生了变化，从而引起预热带和干燥带的温度有所增加或者区间变宽。温度增加可能导致含碳颗粒表面对 PCDD/Fs 的吸附能力减弱[63]，使一部分 PCDD/Fs 提前脱附下来，进入到废气中。此外，如果烧结料床中 200 ~ 400℃ 的区间范围扩大，也能够增加 PCDD/Fs 从头合成的机会，形成更多的 PCDD/Fs。

通过对热风烧结过程温度场变化的数学模拟，发现热风循环后对烧结料床床层中的温度分布带来了影响，如图 5-11 所示。图 5-11（a）所示为没有循环热废气情况下的烧结料床温度场，图 5-11（b）所示为当循环热废气在 200℃ 时的烧

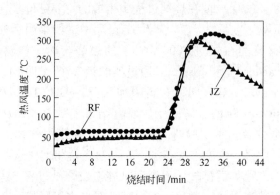

图 5-10   不同条件下的烧结温度曲线

结料床温度场。可以看出烧结过程中的高温熔融带（图中黑线圈出部分）范围发生了变化，烧结过程的其他区域如预热带、干燥带等都相应发生了变化。因此，采用烧结废气循环工艺后，很可能会对通入循环热废气的区域造成废气中二噁英类生成量增加的后果，从而改变烧结机风箱中二噁英类的分布规律。

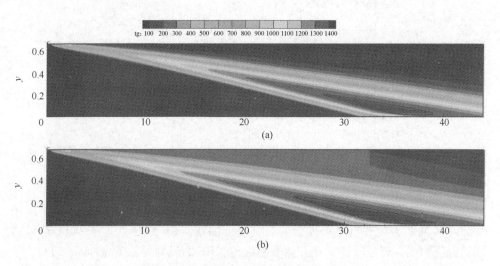

图 5-11   热风循环后烧结料床温度场的变化

（a）没有循环热废气情况下的烧结料床温度场；（b）循环热废气在 200℃时的烧结料床温度场

5.3.2.2   热风含氧量对 PCDD/Fs 排放的影响

热风烧结实验中，烟气中 PCDD/Fs 的排放与引入的热风含氧量之间的关系如图 5-12 所示。热风中氧浓度的调节依靠向热风中补充纯氧来实现。分别考察了三种氧浓度情况下废气中 PCDD/Fs 的变化情况，分别代表三种烧结工况：①贫氧烧结（氧浓度设为 19%）；②传统供氧烧结（氧浓度为空气中氧的浓度，设为21%）；③富氧烧结（氧浓度设为22%和24%）。图 5-13 所示为热风中含氧量的增加会导致 PCDD/Fs 排放量的增加。说明 O_2 有利于 PCDD/Fs 发生从头合成反应。Bukens 等人[33]也提出在烧结过程中，O_2 是引发从头合成反应的重要因素。并借此提出，为减少二噁英类的生成，可以采用废气循环和增加料床厚度的措施以降低烧结过程中的氧含量的设想。从本实验室的研究结果看，当氧含量为 19% 时，相对 21% 氧含量时，废气中 PCDD/Fs 的排放量能够减少25.5%。

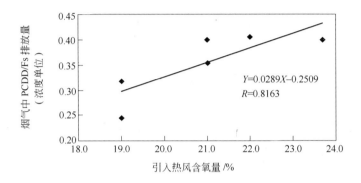

图 5-12　热风中氧含量对 PCDD/Fs 排放的影响

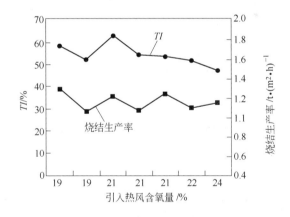

图 5-13　热风含氧量对烧结矿转鼓指数（TI）和烧结矿生产率的影响

对于烧结过程本身而言，氧是非常重要的运行参数。引入废气循环后，气体中的含氧量必然小于正常空气中 21% 的氧浓度。因此，贫氧条件下是否会对烧结矿质量以及烧结生产率带来影响，也是现场技术人员最为关注的问题。研究发现，当氧含量大于 19% 时，增加气体中的氧浓度对烧结矿的转鼓指数以及烧结生产率没有显著影响。实验结果如图 5-13 所示，说明通过减少进入烧结过程的气体中的氧含量可以一定程度地减少 PCDD/Fs 的排放。

5.3.2.3 焦粉配比对 PCDD/Fs 排放的影响

焦粉配比是烧结生产工艺的重要控制参数，同时焦粉也是二噁英类发生从头合成反应的碳源[59]。烧结混合料中焦粉配比的变化对 PCDD/Fs 排放的影响如图 5-14 所示。

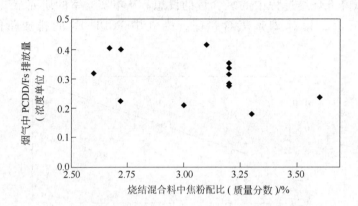

图 5-14　烧结混合料中焦粉配比对二噁英类排放的影响

从图 5-14 可以看出，减少烧结混合料中焦粉配比对于废气中 PCDD/Fs 排放的变化影响不显著。这一结果与 Anderson 等人[59,142] 的研究结果类似，Anderson 等人也发现不同类型的燃料对 PCDD/Fs 的排放没有明显影响。Ooi 等人[132] 对烧结过程中利用生物炭替代传统燃料的研究中也证实，烧结燃料中用一部分生物炭能源替代后，PCDD/Fs 的排放没有明显变化。不过他们也提到采用生物炭能源可能造成废气中质量数较低的多环芳烃类有机污染物排放的增加。

5.3.2.4 生石灰活性对 PCDD/Fs 排放的影响

当采用热风烧结时，烧结生产率降低，如图 5-15（a）所示。生石灰常常被用来作为一种经济有效的黏合剂，是提高烧结混合料制粒效果，增加烧结料层透气性的有效手段。生产中往往为了降低成本，选用一些价格低廉的生石灰，可能是影响烧结矿质量的主要原因。生石灰中的有效成分是 CaO，实验中最初采用的生石灰中 CaO 含量仅为 72%，如表 5-10 所示。为验证上述理论，采用高品质的生石灰进行实验对比。

表 5-10　生石灰中化学成分（质量分数）　　　　　　（%）

成　分	生石灰 1	生石灰 2
S	0.05	0.08
SiO_2	0.9	5.13
Al_2O_3	0.39	1.24
CaO	91.72	71.91

续表 5-10

成　分	生石灰 1	生石灰 2
MgO	2.42	1.48
TiO$_2$	0.1	0.1
P$_2$O$_5$	0.1	0.1
TFe	0.15	0.23
LOI	4.27	19.53
TC	0.6	4.5

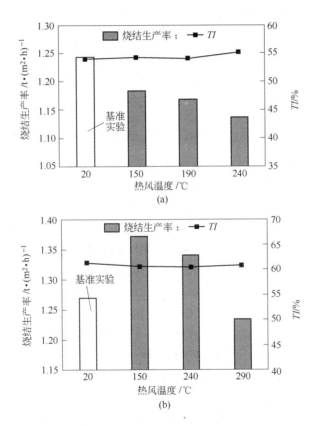

图 5-15　热风温度对烧结矿转鼓指数和烧结生产率的影响
(a) 采用低品质的生石灰；(b) 采用高品质的生石灰

　　实验结果发现，采用高品质的生石灰后，相对于基准实验，烧结生产率得到明显提升，如图 5-15 所示。然而另一方面，当增加热风温度后，烧结生产率会明显下降，当温度增加至 240℃后，烧结矿质量再次低于基准实验。说明生石灰提高烧结矿质量的措施也是有限的，建议循环热风的温度在 150～240℃。

另一方面，已有研究成果表明，生石灰可以作为 PCDD/Fs 生成的抑制剂[141,143,144]。在烧结过程中，生石灰可以与烧结过程中产生 HCl 反应生成 CaCl$_2$，减少从头反应生成二噁英类所需要的氯源。本实验的研究结果证实了上述推断，如图 5-16 所示，当提高生石灰品质后，PCDD/Fs 的排放得到明显的抑制。

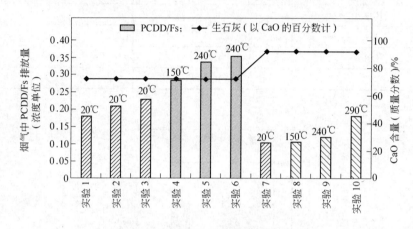

图 5-16　生石灰质量对 PCDD/Fs 排放的影响

图 5-16 中的曲线代表生石灰质量，柱状图为 PCDD/Fs 的排放浓度。其中实验 1、实验 2 和实验 3 为在不通热风情况下的 3 次基准实验。实验 4、实验 5 和实验 6 为采用低品质生石灰，但是热风温度条件不同。实验 7 采用高品质生石灰，但是不同热风。实验 8、实验 9 和实验 10 采用高品质生石灰，但是热风温度不同。可以看出，当采用高品质生石灰后，PCDD/Fs 的排放量明显降低，当热风温度为 150℃时，PCDD/Fs 的减排效率达到 51%。然而，热风温度的增加还是会造成 PCDD/Fs 排放的增加。当热风温度为 240℃时，PCDD/Fs 的减排效率降低至47%，当热风温度升至 290℃后，PCDD/Fs 的减排效率减少至 20%。上述现象说明：（1）生石灰对烧结过程中的 PCDD/Fs 生成有明显的抑制作用，提高生石灰质量，即其有效成分 CaO 含量有助于减少烧结过程中 PCDD/Fs 的生成；（2）热风温度仍然是影响 PCDD/Fs 排放的重要因素。采用循环烧结工艺时，必须对上述问题引起重视。

5.3.2.5　循环烧结对烧结机 PCDD/Fs 排放的工程实验

A　132m^2 烧结机循环烧结工艺实验

为考察循环烧结工艺对烧结二噁英排放的影响，以一台配有国内首套循环烧结装置的烧结机为实验平台，对该工艺在减少二噁英排放方面进行了实验验证。该烧结机面积为 132m^2，其废气循环工艺系统主要由烧结机烟气循环系统、环冷机烟气循环系统、混合烟气系统等组成。

烧结机烟气循环系统的烟气取自烧结机下方的高温风箱支管，各取气管烟气汇合后进入除尘器，除尘后由烧结机烟气循环风机送至混合烟气系统。

环冷机烟气循环系统的烟气取自环冷机高温段烟罩的排气烟囱，抽出的烟气进入除尘器除尘后，由环冷机烟气循环风机送至混合烟气系统。

混合烟气系统将烧结机循环烟气与环冷机循环烟气汇合后，送入循环烟气风罩内，到达烧结台车，作为助燃空气，进入烧结料层。

烧结废气循环实验期间，为了减少烧结过程的系统误差，在烧结混合料配比基本不变，烧结过程控制参数保持稳定的情况下，分别进行了正常工况（以下简称 JZ）、环冷废气循环（以下简称 HL）、烧结废气循环（FQ）条件下的现场实验工作。实验工况和内容见表5-11。

表 5-11　实验工况和控制条件

实验工况	名　称	代码	控 制 条 件
工况1	基准工况	JZ	废气循环系统不投运
工况2	环冷废气循环工况	HL	只开环冷风机
工况3	烧结废气循环工况	FQ	只开烧结循环风机（风箱支管15号、14号）

B　烧结废气循环对二噁英排放总量的影响

烧结废气循环之所以可以减少二噁英的排放量，是因为将含高浓度二噁英的烧结机风箱支管的烟气返回烧结生产，并且通过烧结过程中1200℃左右的高温将二噁英彻底分解；同时由于减少了废气排放总量也进一步降低了二噁英的排放量。实验过程中废气循环量保持在 17W·m³/h 左右，废气总排放量为 56W·m³/h 左右。相对于基准实验期69W·m³/h 左右的废气排放总量，减少了19.27%的废气排放量。

图5-17、图5-18所示分别为不同工况条件下烧结机除尘后大烟道烟气中二噁英的排放浓度和排放量。图5-17还给出了烟气中气态二噁英和吸附在颗粒物上的二噁英的分布情况。可以看出，部分高温烟气循环后，烟气中不同形态的二噁

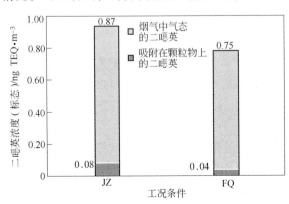

图 5-17　不同工况条件下烧结机除尘后大烟道烟气中二噁英的排放浓度

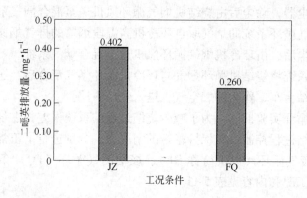

图 5-18   不同工况条件下烧结机除尘后大烟道烟气中二噁英的排放量

英都有不同程度的降低，烟气中二噁英的总浓度（标态）为 0.79ng TEQ/m³，降低了 16.8%。同时由于烟气排放量的减少，使得二噁英的排放量得以进一步降低，如图 5-18 所示。相对于基准实验，烟气中的二噁英排放减少了 35.2%。

5.4   本章小结

为明确循环烧结工艺条件下，烧结运行参数对 PCDD/Fs 排放的影响，开发了带有热风发生装置的烧结锅中试实验装置，可模拟循环热废气，进行热风实验。通过正交实验获得了影响热风烧结 PCDD/Fs 排放及烧结质量和生产率的重要参数。并以此为依据重点考察了热风温度、热风含氧量、焦粉配比以及生石灰活性对热风烧结 PCDD/Fs 排放的影响。实验结果表明：

（1）热风烧结可能会导致烧结过程 PCDD/Fs 排放的增加。主要影响热风烧结 PCDD/Fs 排放的因素是热风温度，两者之间呈明显的线性关系，相关系数 $R=0.93$。当热风温度升高至 150℃、190℃和 240℃后，相对于 20℃时，PCDD/Fs 排放分别上升了 34%、59%和 52%。循环热风的氧含量也是影响烧结 PCDD/Fs 排放的重要因素，当循环热风中氧含量为 19% 时，相对于 21% 的氧含量，PCDD/Fs 排放减少 25.5%。

（2）提高烧结混合料中生石灰的品质能够有效抑制 PCDD/Fs 的生成，在热风循环条件下，当热风温度为 150℃、240℃和 290℃时，相对于不通热风、采用低品质生石灰的基准实验，PCDD/Fs 的减排量分别为 51%、47%和 20%。

（3）对于烧结废气循环系统而言，将含高浓度二噁英的烧结机风箱支管的烟气返回烧结生产，并且通过烧结过程中 1200℃ 左右的高温将二噁英彻底分解，可以达到减少二噁英排放的目的；同时由于减少了废气排放总量，可以进一步降低二噁英的排放量。当高温废气循环量为 19% 左右时，烟气中二噁英的排放量可减少 35.2%。

参 考 文 献

[1] Kasai E, Aono T, Tomita Y, et al. Macroscopic Behaviors of Dioxins in the Iron Ore Sintering Plants [J]. ISIJ International, 2001, 41 (1): 86~92.

[2] Kasai E, Hosotani Y, Kawaguchi T, et al. Effect of Additives on the Dioxins Emissions in the Iron Ore Sintering Process [J]. ISIJ International, 2001, 41 (1): 93~97.

[3] Kasai K, Aono T. Behavior of Dioxins in the Sintering Process of Iron Ores [J]. Tetsu to Hagane-Journal of the Iron and Steel Institute of Japan, 2001, 87 (5): 228~237.

[4] Kawaguchi T, Matsumura M, Hosotani Y, et al. Behavior of Trace Chlorine in Sintering Bed and Its Effect on Dioxins Concentration in Exhaust Gas of Iron or Sintering [J]. Tetsu to Hagane-Journal of the Iron and Steel Institute of Japan, 2002, 88 (2): 59~65.

[5] Kawaguchi T, Matsumura M, Kasai E, et al. Effect of Properties of Solid Fuel on Dioxin Concentration of the Exhaust Gas in the Iron Ore Sintering Process [J]. Tetsu to Hagane-Journal of the Iron and Steel Institute of Japan, 2002, 88 (7): 378~385.

[6] Kawaguchi T, Matsumura M, Kasai E, et al. Promoter Material and Inhibitor Material for Dioxins Formation in Sintering Process [J]. Tetsu to Hagane-Journal of the Iron and Steel Institute of Japan, 2002, 88 (7): 370~377.

[7] Anderson D R, Fisher R. Sources of Dioxins in the United Kingdom: The Steel Industry and Other Sources [J]. Chemosphere, 2002, 46 (3): 371~381.

[8] Aries E, Anderson D R, Fisher R, et al. PCDD/F and "dioxin-like" PCB Emissions From Iron Ore Sintering Plants in the UK [J]. Chemosphere, 2006, 65 (9): 1470~1480.

[9] Aries E, Anderson D R, Ordsmith N, et al. Development and Validation of a Method for Analysis of "dioxin-like" PCBs in Environmental Samples from the Steel Industry [J]. Chemosphere, 2004, 54 (1): 23~31.

[10] Thompson P, Anderson D R, Fisher R, et al. Process-related Patterns in Dioxin Emissions: A Simplified Assessment Procedure Applied to Coke Combustion in Sinter Plant [J]. Fuel, 2003, 82 (15~17): 2125~2137.

[11] Wang T S, Anderson D R, Thompson D, et al. Studies into the Formation of Dioxins in the Sintering Process Used in the Iron and Steel Industry. 1. Characterisation of Isomer Profiles in Particulate and Gaseous Emissions [J]. Chemosphere, 2003, 51 (7): 585~594.

[12] 吴永宁, 陈君石. 二噁英及其类似物Ⅱ毒理学 [J]. 中国食品卫生, 1999, 11 (5): 34~40.

[13] Hutzinger O, Fink M, Thoma H. Polychlorodibenzo-Para-Dioxin (Pcdd) and Polychlorodibenzofuranes (Pcdf) -Risk for Man and Environment [J]. Chemie in Unserer Zeit, 1986, 20 (5): 165~170.

[14] Pankow J F. Review and Comparative-Analysis of the Theories on Partitioning between the Gas and Aerosol Particulate Phases in the Atmosphere [J]. Atmospheric Environment, 1987, 21 (11): 2275~2283.

[15] 郑明辉, 刘鹏岩, 包志成, 等. 二噁英的生成及降解研究进展 [J]. 科学通报, 1999, 44

(5): 455~464.

[16] 吴永宁, 王绪卿. 二噁英及其类似物 I 环境与食品污染 [J]. 中国食品卫生, 1999, 11 (5): 30~33.

[17] Jürgen A P. 欧洲和德国的钢铁工业的环保现状和发展 (一) [J]. 中国冶金, 2004, 76 (3): 1~8.

[18] Quass U, Fermann M, Broker G. The European Dioxin Air Emission Inventory Project-Final Results [J]. Chemosphere, 2004, 54 (9): 1319~1327.

[19] 李咸伟. 二噁英研究现状 [J]. 世界钢铁, 2005, 3: 4~10.

[20] 洪蔚. 日本颁布二噁英废气排放标准 [J]. 环境监测管理与技术, 2000, 12 (6): 38.

[21] Yu B W, Jin G Z, Moon Y H, et al. Emission of PCDD/Fs and Dioxin-like PCBs from Metallurgy Industries in S. Korea [J]. Chemosphere, 2006, 62 (3): 494~501.

[22] Wang L C, Lee W J, Tsai P J, et al. Emissions of Polychlorinated Dibenzo-p-dioxins and Dibenzofurans from Stack Flue Gases of Sinter Plants [J]. Chemosphere, 2003, 50 (9): 1123~1129.

[23] Shih M L, Lee W J, Shih T S, et al. Characterization of Dibenzo-p-dioxins and Dibenzofurans (PCDD/Fs) in the Atmosphere of a Sinter of Different Workplaces Plant [J]. Science of the Total Environment, 2006, 366 (1): 197~205.

[24] Lee W S, Chang-Chien G P, Wang L C, et al. Emissions of Polychlorinated Dibenzo-p-dioxins and Dibenzofurans from Stack Gases of Electric Arc Furnaces and Secondary Aluminum Smelters [J]. Journal of the Air & Waste Management Association, 2005, 55 (2): 219~226.

[25] Lee W S, Chang-Chien G P, Wang L C, et al. Source Identification of PCDD/Fs for Various Atmospheric Environments in a Highly Industrialized City [J]. Environmental Science & Technology, 2004, 38 (19): 4937~4944.

[26] Chemicals U. Standardized Toolkit for Identification and Quantification of Dioxin and Furan Releases [J]. G. Switzerland, Editor, 2005.

[27] Kasai A, Yao J, Yamauchi K, et al. Influence of cAMP on Reporter Bioassays for Dioxin and Dioxin-like Compounds [J]. Toxicology and Applied Pharmacology, 2006, 211 (1): 11~19.

[28] Fiedler H, Lau C, Kjeller L O, et al. Patterns and Sources of Polychlorinated Dibenzo-p-dioxins and Dibenzofurans Found in Soil and Sediment Samples in Southern Mississippi [J]. Chemosphere, 1996, 32 (3): 421~432.

[29] Tan P F, Neuschutz D. Study on Polychlorinated Dibenzo-p-dioxin/furan Formation in Iron Ore Sintering Process [J]. Metallurgical and Materials Transactions B-Process Metallurgy and Materials Processing Science, 2004, 35 (5): 983~991.

[30] Tan P F, Neuschutz D. Modeling and Control of Dioxin Formation During Iron Ore Sintering [J]. Metallurgical and Materials Processing: Principles and Technologies, 2003, 1: 1123~1137.

[31] Anderson D R, Fisher R, Fray T A T, et al. Dioxin Formation and Suppression in Iron Ore Sintering in the UK Steel Industry [C] //International Symposium on Global Environment and Steel Industry (ISES 03), Beijing, 2003.

[32] Menad N, Tayibi H, Carcedo F G, et al. Minimization Methods for Emissions Generated from Sinter Strands: A Review [J]. Journal of Cleaner Production, 2006, 14 (8): 740~747.

[33] Buekens A, Stieglitz L, Hell K, et al. Dioxins from Thermal and Metallurgical Processes: Recent Studies for the Iron and Steel Industry [J]. Chemosphere, 2001, 42 (5~7): 729~735.

[34] Addink R, Espourteille F, Altwicker E R. Role of Inorganic Chlorine in the Formation of Polychlorinated Dibenzo-p-dioxins/dibenzofurans from Residual Carbon on Incinerator Fly Ash [J]. Environmental Science & Technology, 1998, 32 (21): 3356~3359.

[35] Xie Y, Xie W, Liu K L, et al. The Effect of Sulfur Dioxide on the Formation of Molecular Chlorine during Co-combustion of Fuels [J]. Energy & Fuels, 2000, 14 (3): 597~602.

[36] Wey M Y, Liu K Y, Yu W J, et al. Influences of Chlorine Content on Emission of HCl and Organic Compounds in Waste Incineration Using Fluidized Beds [J]. Waste Management, 2008, 28 (2): 406~415.

[37] Halonen I, Tarhanen J, Ruokojarvi P, et al. Effect of Catalysts and Chlorine Source on the Formation of Organic Chlorinated Compounds [J]. Chemosphere, 1995, 30 (7): 1261~1273.

[38] Stieglitz L J, Vogg H. Formation of Pcdd/Pcdf and of Other Organohalides from Particulate Carbon in Fly-Ash of Municipal Waste Incinerators [J]. Abstracts of Papers of the American Chemical Society, 1988, 195: 10-Envr.

[39] Addink R, Bakker W C M, Olie K. Influence of HCl and Cl^{-2} on the Formation of Polychlorinated Dibenzo-P-Dioxins/Dibenzofurans in a Carbon/Fly Ash Mixture [J]. Environmental Science & Technology, 1995, 29 (8): 2055~2058.

[40] Zheng M H, Liu P Y, Piao M J, et al. Formation of PCDD/Fs from Heating Polyethylene with Metal Chlorides in the Presence of Air [J]. Science of the Total Environment, 2004, 328 (1~3): 115~118.

[41] Stanmore B R. The Formation of Dioxins in Combustion Systems [J]. Combustion and Flame, 2004, 136 (3): 398~427.

[42] Wikstrom E, Lofvenius G, Rappe C, et al. Influence of Level and Form of Chlorine on the Formation of Chlorinated Dioxins, Dibenzofurans, and Benzenes during Combustion of an Artificial Fuel in a Laboratory Reactor [J]. Environmental Science & Technology, 1996, 30 (5): 1637~1644.

[43] Wang L C, Lee W J, Lee W S, et al. Effect of Chlorine Content in Feeding Wastes of Incineration on the Emission of Polychlorinated Dibenzo-p-dioxins/dibenzofurans [J]. Science of the Total Environment, 2003, 302 (1~3): 185~198.

[44] Liu K, Pan W P, Riley J T. A Study of Chlorine Behavior in a Simulated Fluidized Bed Combustion System [J]. Fuel, 2000, 79 (9): 1115~1124.

[45] Hatanaka T, Imagawa T, Takeuchi M. Formation of PCDD/Fs in Artificial Solid Waste Incineration in a Laboratory-scale Fluidized-bed Reactor: Influence of Contents and Forms of Chlorine Sources in High-temperature Combustion [J]. Environmental Science & Technology, 2000, 34 (18): 3920~3924.

[46] Weber R, Hagenmaier H. PCDD/PCDF Formation in Fluidized Bed Incineration [J]. Chemo-

sphere, 1999, 38 (11): 2643～2654.

[47] Born J G P, Louw R, Mulder P. Fly-Ash Mediated (Oxy) Chlorination of Phenol and Its Role in Pcdd/F Formation [J]. Chemosphere, 1993, 26 (12): 2087～2095.

[48] Addink R, Olie K. Mechanisms of Formation and Destruction of Polychlorinated Dibenzo-p-dioxins and Dibenzofurans in Heterogeneous Systems [J]. Environmental Science & Technology, 1995, 29 (6): 1425～1435.

[49] Dickson L C, Karasek F W. Mechanism of Formation of Polychlorinated Dibenzo-Para-Dioxins Produced on Municipal Incinerator Fly-Ash from Reactions of Chlorinated Phenols [J]. Journal of Chromatography, 1987, 389 (1): 127～137.

[50] Milligan M S, Altwicker E R. Chlorophenol Reactions on Fly Ash 2. Equilibrium Surface Coverage and Global Kinetics [J]. Environmental Science & Technology, 1996, 30 (1): 230～236.

[51] 陈彤, 谷月玲, 严建华. 氯苯在飞灰表面低温生成二噁英的特性 [J]. 燃烧科学与技术, 2006, 12 (3).

[52] Stieglitz L, Vogg H. On Formation Conditions of Pcdd Pcdf in Fly-Ash from Municipal Waste Incinerators [J]. Chemosphere, 1987, 16 (8～9): 1917～1922.

[53] Stieglitz L, Vogg H, Zwick G, et al. On Formation Conditions of Organohalogen Compounds from Particulate Carbon of Fly-Ash [J]. Chemosphere, 1991, 23 (8～10): 1255～1264.

[54] Vogg H, Metzger M, Stieglitz L. Recent Findings on the Formation and Decomposition of Pcdd/Pcdf in Municipal Solid-Waste Incineration [J]. Waste Management & Research, 1987, 5 (3): 285～294.

[55] Vogg H, Stieglitz L. Thermal-Behavior of Pcdd/Pcdf in Fly-Ash from Municipal Incinerators [J]. Chemosphere, 1986, 15 (9～12): 1373～1378.

[56] Huang H, Buekens A. On the Mechanisms of Dioxin Formation in Combustion Processes [J]. Chemosphere, 1995, 31 (9): 4099～4117.

[57] Huang H, M B, A. B. Characterization of the Nature of De Novo Synthesis by C NMR [J]. Organohalogen Compounds, 1999, 41: 105～108.

[58] Kuzuhara S, Sato H, Kasai E, et al. Influence of Metallic Chlorides on the Formation of PCDD/Fs during Low-temperature Oxidation of Carbon [J]. Environmental Science & Technology, 2003, 37 (11): 2431～2435.

[59] Xhrouet C, De Pauw E. Formation of PCDD/Fs in the Sintering Process: Influence of the Raw Materials [J]. Environmental Science & Technology, 2004, 38 (15): 4222～4226.

[60] Xhrouet C, De Pauw E. Formation of PCDD/Fs in the Sintering Process: Role of the Grid-Cr_2O_3 Catalyst in the De Novo Synthesis [J]. Chemosphere, 2005, 59 (10): 1399～1406.

[61] Xhrouet C, Pirard C, De Pauw E. De Novo Synthesis of Polychlorinated Dibenzo-p-dioxins and Dibenzofurans an Fly Ash from a Sintering Process [J]. Environmental Science & Technology, 2001, 35 (8): 1616～1623.

[62] Cieplik M K, Carbonell J P, Munoz C, et al. On Dioxin Formation in Iron Ore Sintering [J]. Environmental Science & Technology, 2003, 37 (15): 3323～3331.

[63] Suzuki K, Kasai E, Aono T, et al. De Novo Formation Characteristics of Dioxins in the Dry Zone of an Iron Ore Sintering Bed [J]. Chemosphere, 2004, 54 (1): 97~104.

[64] Kasama S, Yamamura Y, Watanabe K. Investigation on the Dioxin Emission from a Commercial Sintering Plant [J]. ISIJ International, 2006, 46 (7): 1014~1019.

[65] 张传秀, 万江, 倪晓峰. 我国钢铁工业二噁英的减排 [J]. 冶金动力, 2008, 2: 74~81.

[66] Schuler D, Jager J. Formation of Chlorinated and Brominated Dioxins and Other Organohalogen Compounds at the Pilot Incineration Plant VERONA [J]. Chemosphere, 2004, 54 (1): 49~59.

[67] Naikwadi K P, Karasek F W. Prevention of Pcdd Formation in Msw Incinerators by Inhibition of Catalytic Activity of Fly-Ash Produced [J]. Chemosphere, 1989, 19 (1~6): 299~304.

[68] Kuzuhara S, Sato H, Tsubouchi N, et al. Effect of Nitrogen-containing Compounds on Polychlorinated Dibenzo-p-dioxin/dibenzofuran Formation through De Novo Synthesis [J]. Environmental Science & Technology, 2005, 39 (3): 795~799.

[69] Samaras P, Blumenstock M, Lenoir D, et al. PCDD/F Prevention by Novel Inhibitors: Addition of Inorganic S-and N-compounds in the Fuel before Combustion [J]. Environmental Science & Technology, 2000, 34 (24): 5092~5096.

[70] Ruokojarvi P H, Halonen I A, Tuppurainen K A, et al. Effect of Gaseous Inhibitors on PCDD/F Formation. Environmental Science & Technology, 1998, 32 (20): 3099~3103.

[71] Xhrouet C, Nadin C, De Pauw E. Amines Compounds as Inhibitors of PCDD/Fs De Novo Formation on Sintering Process Fly Ash [J]. Environmental Science & Technology, 2002, 36 (12): 2760~2765.

[72] Anderson D R, Fisher R, Johnston S, et al. Investigation into the Effect of Organic Nitrogen Compounds on the Suppression of PCDD/Fs in Iron Ore Sintering [J]. Organohalogen Compounds, 2007.

[73] Ruokojarvi P H, Asikainen A H, Tuppurainen K A, et al. Chemical Inhibition of PCDD/F Formation in Incineration Processes [J]. Science of the Total Environment, 2004, 325 (1~3): 83~94.

[74] Ruokojarvi P, Tuppurainen K, Mueller C, et al. PCDD/F Reduction in Incinerator Flue Gas by Adding Urea to RDF Feedstock [J]. Chemosphere, 2001, 43 (2): 199~205.

[75] Ruokojarvi P, Asikainen A, Ruuskanen J, et al. Urea as a PCDD/F Inhibitor in Municipal Waste Incineration [J]. Journal of the Air & Waste Management Association, 2001, 51 (3): 422~431.

[76] Ruokojarvi P, Aatamila M, Tuppurainen K, et al. Effect of Urea on Fly Ash PCDD/F Concentrations in Different Particle Sizes [J]. Chemosphere, 2001, 43 (4~7): 757~762.

[77] 杨红博, 李咸伟, 俞勇梅, 等. 烧结烟气二噁英减排控制技术研究进展 [J]. 世界钢铁, 2011, 11 (1): 6~11.

[78] Alexander F. 环保型烧结生产新技术——Eposint and MEROS [J]. 中国冶金, 2008, 18: 41~46.

[79] 陈凯华, 宋存义, 张东辉. 烧结烟气联合脱硫脱硝工艺的比较 [J]. 烧结球团, 2008, 33

（5）：29~32.

[80] 范浩杰，朱敬，刘金生. 活性炭纤维脱硫、脱硝的研究进展 ［J］. 动力工程，2005，125 （5）：724~727.

[81] 杨波. 活性炭在太钢450烧结烟气脱硫脱硝工程中的应用及展望 ［J］. 科学之友，2011 （08）：10~11.

[82] 何晓蕾，李咸伟，俞勇梅. 烧结烟气减排二噁英技术的研究 ［J］. 宝钢技术，2008 （3）：25~28.

[83] 江桂斌. 环境样品前处理技术 ［M］. 北京：化学工业出版社，2004.

[84] 张庆华. 太湖和海河流域天津段二噁英类化合物污染特征的研究 ［D］. 北京：中国科学院研究生院，2004.

[85] 肖珂. 洞庭湖地区二噁英类污染特征与环境行为研究 ［D］. 北京：中国科学院研究生院，2011.

[86] Buekens A, Stieglitz L. Outline of an European Union Research Project "Minimization of Dioxins in Thermal Industrial Processes: Mechanisms, Monitoring and Abatement (MINIDIP)" ［J］. Organohalogen Compound, 1997.

[87] Chi K H, Chang M B. Evaluation of PCDD/F Congener Partition in Vapor/Solid Phases of Waste Incinerator Flue Gases ［J］. Environmental Science & Technology, 2005, 39 (20): 8023~8031.

[88] 严建华，陆胜勇，李晓东. 流化床垃圾焚烧炉飞灰中二噁英的分布 ［C］//工程热物理年会燃烧学学术会议论文集，2002.

[89] 陈彤，李晓东，严建华. 垃圾焚烧炉飞灰中二噁英的分布特性 ［J］. 燃料化学学报，2004，32 （1）：59~64.

[90] Wang Y F, Chao H R, Wu C H, et al. Emissions of Polychlorinated Dibenzo-p-dioxins and Dibenzofurans from a Heavy Oil-fueled Power Plant in Northern Taiwan ［J］. Journal of Hazardous Materials, 2009, 163 (1): 266~272.

[91] Lohmann R, Jones K C. Dioxins and Furans in Air and Deposition: A Review of Levels, Behaviour and Processes ［J］. Science of the Total Environment, 1998, 219 (1): 53~81.

[92] Rordorf B F. Prediction of Vapor-Pressures, Boiling Points and Enthalpies of Fusion for 29 Halogenated Dibenzo-p-dioxins ［J］. Thermochimica Acta, 1987, 112 (1): 117~122.

[93] Eitzer B D, Hites R A. Vapor Pressures of Chlorinated Dioxins and Dibenzofurans ［J］. Environmental Science & Technology, 1998, 32 (18): 2804.

[94] Li X W, Shibata E, Kasai E, et al. Prediction of Vapour Pressures of Dioxin Congeners ［C］//Proceedings of the World Engineers' Convention 2004: Environment Protection and Disaster Mitigation, 2004: 172~177.

[95] Li X W, Shibata E, Kasai E, et al. Vapor Pressures and Enthalpies of Sublimation of 17 Polychlorinated Dibenzo-p-dioxins and Five Polychlorinated Dibenzofurans ［J］. Environmental Toxicology and Chemistry, 2004, 23 (2): 348~354.

[96] Donnelly J R, Munslow W D, Mitchum R K, et al. Correlation of Structure with Retention Index for Chlorinated Dibenzo-p-dioxins ［J］. Journal of Chromatography, 1987, 392: 51~63.

[97] Hale M D, Hileman F D, Mazer T, et al. Mathematical-Modeling of Temperature Programmed Capillary Gas-Chromatographic Retention Indexes for Polychlorinated Dibenzofurans [J]. Analytical Chemistry, 1985, 57 (3): 640 ~ 648.

[98] Rordorf B F. Prediction of Vapor-Pressures, Boiling Points and Enthalpies of Fusion for 29 Halogenated Dibenzo-para-dioxins and 55 Dibenzofurans by a Vapor-Pressure Correlation Method [J]. Chemosphere, 1989, 18 (1 ~ 6): 783 ~ 788.

[99] Chi K H, Chang M B, Chang S H. Evaluation of PCDD/F Partitioning between Vapor and Solid Phases in MWI Flue Gases with Temperature Variation [J]. Journal of Hazardous Materials, 2006, 138 (3): 620 ~ 627.

[100] Eitzer B D, Hites R A. Vapor-Pressures of Chlorinated Dioxins and Dibenzofurans [J]. Environmental Science & Technology, 1988. 22 (11): 1362 ~ 1364.

[101] Rordorf B F, Sarna L P, Webster G R B, et al. Vapor-Pressure Measurements on Halogenated Dibenzo-para-dioxins and Dibenzofurans—an Extended Data Set for a Correlation Method [J]. Chemosphere, 1990, 20 (10 ~ 12): 1603 ~ 1609.

[102] Rordorf B F, Sarna L P, Webster G R B. Vapor-Pressure Determination for Several Polychloro-dioxins by 2 Gas Saturation Methods [J]. Chemosphere, 1986, 15 (9 ~ 12): 2073 ~ 2076.

[103] Rordorf B F. Thermodynamic and Thermal-Properties of Polychlorinated Compounds—the Vapor-Pressures and Flow Tube Kinetics of 10 Dibenzo-para-dioxins [J]. Chemosphere, 1985, 14 (6 ~ 7): 885 ~ 892.

[104] Rordorf B F. Thermodynamic Properties of Polychlorinated Compounds—the Vapor-Pressures and Enthalpies of Sublimation of 10 Dibenzo-para-dioxines [J]. Thermochimica Acta, 1985, 85: 435 ~ 438.

[105] Mader B T, Pankow J F. Vapor Pressures of the Polychlorinated Dibenzodioxins (PCDDs) and the Polychlorinated Dibenzofurans (PCDFs) [J]. Atmospheric Environment, 2003, 37 (22): 3103 ~ 3114.

[106] Mader B, Pankow J F. Vapor Pressures of Polycyclic Aromatic Hydrocarbons (PAHs), Polychlorinated Dibenzodioxins (PCDDs) and polychlorinated dibenzofurans (PCDFs): Measurements and Evaluation of Estimation Techniques [J]. Abstracts of Papers of the American Chemical Society, 2000, 220: U334 ~ U335.

[107] Tuppurainen K, Halonen I, Ruokojarvi P, et al. Formation of PCDDs and PCDFs in Municipal Waste Incineration and Its Inhibition Mechanisms: A Review [J]. Chemosphere, 1998, 36 (7): 1493 ~ 1511.

[108] Tuppurainen K, Aatamila M, Ruokojarvi P, et al. Effect of Liquid Inhibitors on PCDD/F Formation, Prediction of Particle-phase PCDD/F Concentrations Using PLS Modelling with Gasphase Chlorophenol Concentrations as Independent Variables [J]. Chemosphere, 1999, 38 (10): 2205 ~ 2217.

[109] Gullett B K, Bruce K R, Beach L O. Formation of Chlorinated Organics during Solid-Waste Combustion [J]. Waste Management & Research, 1990, 8 (3): 203 ~ 214.

[110] Smith J M, Van Ness H C. Introduction to Chemical Engineering Thermodynamics. 3d ed.

McGraw-Hill Chemical Engineering Series [C] //McGraw-Hill, 1975: 632.

[111] Huang H, Buekens A. Comparison of Dioxin Formation Level in Laboratory Gas Phase Flow Reactors with Those Calculated Using the Shaub-tsang Mechanism [J]. Chemosphere, 1999, 38 (7): 1595~1602.

[112] 陈凯华, 宋存义, 张东辉, 等. 烧结烟气联合脱硫脱硝工艺的比较 [J]. 烧结球团, 2008, 33 (5): 29~32.

[113] 胡长庆, 张玉柱, 张春霞. 烧结过程物质流和能量流分析 [J]. 烧结球团, 2007, 32 (1): 16~21.

[114] 刘文权. 烧结工艺特性对二氧化硫减排的影响探讨 [J]. 节能减排, 2009, 6: 6~10.

[115] Shih T S, Lee W J, Shih M, et al. Exposure and Health-risk Assessment of Polychlorinated Dibenzo-p-dioxins and Dibenzofurans (PCDD/Fs) for Sinter Plant Workers [J]. Environment International, 2008, 34 (1): 102~107.

[116] Hatanaka T, Kitajima A, Takeuchi M. Role of Copper Chloride in the Formation of Polychlorinated Dibenzo-p-dioxins and Dibenzofurans during Incineration [J]. Chemosphere, 2004, 57 (1): 73~79.

[117] Hatanaka T, Imagawa T, Takeuchi M. Effects of Copper Chloride on Formation of Polychlorinated Dibenzofurans in Model Waste Incineration in a Laboratory-scale Fluidized-bed Reactor [J]. Chemosphere, 2002, 46 (3): 393~399.

[118] Raghunathan K, Gullett B K. Role of Sulfur in Reducing PCDD and PCDF Formation [J]. Environmental Science & Technology, 1996, 30 (6): 1827~1834.

[119] Buekens A, Huang H. Comparative Evaluation of Techniques for Controlling the Formation and Emission of Chlorinated Dioxins/Furans in Municipal Waste Incineration [J]. Journal of Hazardous Materials, 1998, 62 (1): 1~33.

[120] 龙红明, 李家新, 王平. 尿素对减少铁矿烧结过程二噁英排放的作用机理 [J]. 过程工程学报, 2010, 10 (5): 944~949.

[121] 王永基, 陈德珍. 肼类物质抑制二噁英排放的机理及应用探析 [J]. 能源研究与信息, 2007, 23 (3): 134~139.

[122] Addink R, Paulus R H W L, Olie K. Prevention of Polychlorinated Dibenzo-p-dioxins/Dibenzofurans Formation on Municipal Waste Incinerator Fly Ash Using Nitrogen and Sulfur Compounds [J]. Environmental Science & Technology, 1996, 30 (7): 2350~2354.

[123] Xhrouet C, De Pauw E. Prevention of Dioxins De Novo Formation by Ethanolamines [J]. Environmental Chemistry Letters, 2003, 1 (1): 51~56.

[124] 张祚明, 林瑜, 陈德珍. 肼类物质中高温区的化学反应分析及其对焚烧烟气中 NO_x 的净化研究 [J]. 能源技术, 2006, 27 (5): 191~193.

[125] 吕洪坤, 杨卫娟, 周俊虎, 等. 尿素溶液高温热分解特性的实验研究 [J]. 中国电机工程学报, 2010, 30 (17): 35~40.

[126] Kasai E, Kuzuhara S, Goto H, et al. Reduction in Dioxin Emissions by the Addition of Urea as Aqueous Solution to High-temperature Combustion Gas [J]. ISIJ International, 2008, 48 (9): 1305~1310.

［127］官贞珍，陈德珍，洪鎏，等. 中高温区碳酰肼还原 NO_x 和抑制二噁英的研究 ［J］. 环境科学，2011，32（9）：2810～2816.

［128］Milligan M S, Altwicker E R. Chlorophenol Reactions on Fly Ash 1. Adsorption Desorption Equilibria and Conversion to Polychlorinated Dibenzo-p-dioxins ［J］. Environmental Science & Technology, 1996, 30（1）：225～229.

［129］Milligan M S, Altwicker E. The Relationship between De-Novo Synthesis of Polychlorinated Dibenzo-p-dioxins and Dibenzofurans and Low-Temperature Carbon Gasification in Fly-Ash ［J］. Environmental Science & Technology, 1993, 27（8）：1595～1601.

［130］Kasama S, Yamamura Y, Watanabe K. Investigation on the Dioxin Emission from a Commercial Sintering Plant ［J］. Tetsu to Hagane-Journal of the Iron and Steel Institute of Japan, 2005, 91（10）：745～750.

［131］Harjanto S, Kasai E, Terui T, et al. Behavior of Dioxin during Thermal Remediation in the Zone Combustion Process ［J］. Chemosphere, 2002, 47（7）：687～693.

［132］Ooi T C, Thompson D, Anderson D R, et al. The Effect of Charcoal Combustion on Iron-ore Sintering Performance and Emission of Persistent Organic Pollutants ［J］. Combustion and Flame, 2011, 158（5）：979～987.

［133］Stieglitz L, Zwick G, Beck J, et al. Carbonaceous Particles in Fly-Ash-A Source for the De-Novo-Synthesis of Organochlorocompounds ［J］. Chemosphere, 1989, 19（1～6）：283～290.

［134］Jay K, Stieglitz L. On the Mechanism of Formation of Polychlorinated Aromatic-Compounds with Copper（Ⅱ）Chloride ［J］. Chemosphere, 1991, 22（11）：987～996.

［135］孙德民，李兴文，何玉红，等. 济钢热风烧结工艺技术改进 ［J］. 山东冶金，2009，131（2）：16～17.

［136］邹琳江，李洪福，段锋，等. 济钢热风烧结节能技术的实验研究 ［J］. 工业炉，2007，129（4）：9～12.

［137］Chen Y G, Guo Z C, Wang Z. Application of Modified Coke to NO（x）Reduction with Recycling Flue Gas during Iron Ore Sintering Process ［J］. ISIJ International, 2008, 48（11）：1517～1523.

［138］Alexander F, Andreas K, Anton S. New Developments for Achieving Environmentally Friendly Sinter Production-Eposint & Meros ［C］//6th Ironmaking Conference Proceedings, 2007.

［139］Eisen P, Husig K R, Kofler A. Construction of the Exhaust Recycling Facilities at a Sintering Plant ［J］. Stahl Und Eisen, 2004, 124（5）：37～40.

［140］Chen Y C, Tsai P J, Mou J L. Determining Optimal Operation Parameters for Reducing PCDD/F Emissions（I-TEQ values）from the Iron Ore Sintering Process by Using the Taguchi Experimental Design ［J］. Environmental Science & Technology, 2008, 42（14）：5298～5303.

［141］Nakano M, Hosotani Y, Kasai E. Observation of Behavior of Dioxins and some Relating Elements in Iron Ore Sintering Bed by Quenching Pot Test ［J］. ISIJ International, 2005, 45（4）：609～617.

［142］Fisher R, Anderson D R, Wilson D T, et al. Effect of Sinter Mix Composition upon the Formation of PCDD/Fs in Iron Ore Sintering [J]. Organohalogen Compounds, 2003.

[143] Nakano M, Morii K, Sato T. Factors Accelerating Dioxin Emission from Iron Ore Sintering Machines [J]. ISIJ International, 2009, 49 (5): 729 ~734.

[144] Liu W B, Zheng M H, Zhang B, et al. Inhibition of PCDD/Fs Formation from Dioxin Precursors by Calcium Oxide [J]. Chemosphere, 2005, 60 (6): 785 ~790.

冶金工业出版社部分图书推荐